Die besten Zitate für Manager

Geistreiches für Reden und Vorträge

Steve Walpuski

Inhalt

Geld und Investitionen — 7
- Aktien hoch im Kurs — 7
- Banken und ihre Geheimnisse — 8
- Börsengeschäfte und ihre Gewinner — 9
- Die Finanzkrise und ihre Gesichter — 10
- Geldanlagen im Wandel — 12

Die Wirtschaft und ihre Regeln — 24
- Manager sind die Entscheider — 24
- Marketing und Selbstvermarktung — 26
- Das sagt die Statistik — 28
- Politiker über die Wirtschaft — 29
- Unternehmer im Wirtschaftsfluss — 31
- Der Wirtschaft auf den Zahn gefühlt — 33
- Der Vertrieb bestimmt die Lösung — 34
- Weltwirtschaft im globalen Netz — 35

Management in Education — 38
- Das Geheimnis des Erfolgs — 38
- Gewinn und Verluste — 42
- Staat vs. Management — 43
- Gute Arbeit braucht Motivation — 45

Ihre Kunden und deren Wünsche — 53

- Der Kunde ist immer König — 53
- Ausdruck gezielt stärken und einsetzen — 54
- Vertrauen aufbauen, langfristige Erträge sichern — 55
- Werbung – geliebt und verkauft — 56

Zitate für besondere Anlässe — 58

- Die richtigen Worte zu einer Eröffnung — 58
- Geburtstagswünsche mal anders — 59
- Kondolenz und aufrichtige Anteilnahme — 60
- Die besten Wünsche zur Beförderung — 62
- Die besten Zitate für eine perfekte Rede — 64
- Der erste Eindruck zählt, der letzte bleibt — 70
- Kultur im Spiegel der Gesellschaft — 71
- Die Gunst der Kunst — 72

Das Leben ist eine einzige Challenge — 73

- Der Glaube versetzt Berge — 73
- Genieße das Leben! — 74
- Glück kommt selten allein — 79
- Die Zukunft im Blick — 81

Inhalt

Am Ziel: der Erfolg eines Projektes — 84
- Motivation steht vor den Dingen — 84
- Der Weg ist das Ziel, oder? — 87
- Strategie ist eine klare Erfolgslinie — 90
- Chancen nutzen und ausbauen — 91
- Mit unermüdlicher Ausdauer zum Ziel — 96

Über Geld, Steuern und Behörden — 100
- Sparen, sparen, sparen — 100
- Die öffentliche Hand in unseren Taschen — 101
- Stichwort Bürokratie — 104

Zum Schluss etwas Humor — 106

Verzeichnis der Zitategeber — 112

Der Autor — 128

Vorwort

Ein gutes Zitat ist ein Diamant am Finger eines geistreichen Menschen und ein Pflasterstein in der Hand eines Narren.

Joseph Raux

Martin Luther King sprach in seiner Rede anlässlich des großes Marsches auf Washington im Protest gegen die Rassentrennung am 28. August 1963 die berühmten Worte: „Trotz aller Schwierigkeiten heute und morgen habe ich einen Traum." Die Rede mit dem bekannten Zitat „I have a dream" ist als rhetorisches Meisterwerk in die Geschichte eingegangen und hat die USA verändert. Martin Luther King hatte den Traum der Gleichberechtigung von Schwarz und Weiß. Und welchen Traum haben wir? Was wollen wir erreichen, verändern, besser machen?

In dieser Zitatesammlung finden Sie stilistische Mittel, mit denen Sie die tägliche Kommunikation in verschiedenen Lebenslagen noch erfolgreicher gestalten können. Begeistern und beeindrucken Sie Ihren Zuhörerkreis mit modernen Denkweisen und genialen Weisheiten, die speziell für die berufliche Praxis und für typische (Management)- Situationen zusammengefasst wurden. „Die besten Zitate für Manager" bietet Ihnen Input für wichtige Ansprachen, Reden und Veränderungsprozesse sowie die richtige Unterstützung für alle beruflichen Ziele und Vorhaben.

Dieses schöne Buch ist für Pia Felicitas, Emily Sophie und Sabrina Lucia.

Steve Walpuski

Geld und Investitionen

Aktien hoch im Kurs

Gehen Sie an die Börse und stecken Sie Ihr Geld in Aktien. Dazu kaufen Sie sich in einer Apotheke eine große Dosis Schlaftabletten. Nach vier Jahren wachen Sie als reicher Mann auf.

André Kostolany

Um die Zukunft der Aktie einzuschätzen, müssen wir die Nerven, Hysterien, ja sogar die Verdauung und Wetterfühligkeit jener Personen beachten, von deren Handlungen diese Geldanlage abhängig ist.

John Maynard Keynes

Aktionäre sind dumm und unverschämt. Dumm, weil sie mir ihr Geld überlassen, und unverschämt, weil sie auch noch Dividende dafür wollen.

Carl Fürstenberg

Aktiengesellschaften sind der Inbegriff für große Schritte in die Zukunft – der Ausbau der Eisenbahnverbindungen, der Ausbau der Telegrafen- und Fernmeldenetze, die Kontinente umspannten, der Ausbau von Schifffahrtslinien, immer waren es Aktiengesellschaften, die maßgeblich daran beteiligt waren.

Erich J. Lejeune

Kaufen, wenn die Kanonen donnern; verkaufen, wenn die Violinen spielen.

Carl Meyer Rothschild

Eine Aktiengesellschaft ist eine raffinierte Einrichtung zur persönlichen Bereicherung ohne persönliche Verantwortung.

Ambrose Bierce

Banken und ihre Geheimnisse

Der Bankangestellte ist ein Kerl, der seinen Schirm verleiht, wenn die Sonne scheint, und ihn sofort zurückhaben will, wenn es zu regnen beginnt.

Mark Twain

Bankraub ist eine Unternehmung von Dilettanten. Wahre Profis gründen eine Bank.

Bertolt Brecht

Der Geist denkt, das Geld lenkt.

Oswald Spengler

Sie wollen einen Kredit? Zeigen Sie uns, dass Sie ihn nicht benötigen, und Sie bekommen ihn.

Henry Ford

Die Finanzminister und die Bankiers haben eins gemeinsam. Sie leben von anderer Leute Geld. Die Bankiers haben nur die unangenehme Aufgabe, es wieder zurückzuzahlen.

Hermann Josef Abs

Börsengeschäfte und ihre Gewinner

„Fluctuat nec mergitur" – sie schwankt, aber geht nicht unter. Diese Devise auf dem Wappen der Stadt Paris sollte auch der Leitspruch für die Börse sein.

André Kostolany

Beim Denken ans Vermögen, leidet oft das Denkvermögen.

Karl Farkas

Wer viel Geld hat, kann spekulieren. Wer wenig Geld hat, darf nicht spekulieren. Wer kein Geld hat, muss spekulieren.

André Kostolany

Ein Mann kann zwischen mehreren Methoden wählen, sein Vermögen loszuwerden: Am schnellsten geht es am Roulette-Tisch, am angenehmsten mit schönen Frauen und am dümmsten an der Börse.

André Kostolany

Wenn sich Scharen von Männern in Kommunionskleidung in einer fensterlosen Halle versammeln, ab und zu ihre Arme himmelwärts recken und geheimnisvolle Beschwörungsformeln in den Raum rufen, dann nennt man das Börse.

Udo Perina

Der japanische Nikkei-Index ist wie der heilige Nikolaus – keiner glaubt an ihn, aber jeder tut gerne so, als ob.

Andrew Ballingal

Feststellen, wer ein guter Börsianer war, das können nur die Erben.

André Kostolany

Wer sich nach den Tipps von Brokern richtet, kann auch einen Friseur fragen, ob er einen neuen Haarschnitt empfiehlt.

Warren Buffet

Die Finanzkrise und ihre Gesichter

Diejenigen, die mit Blick auf die Finanzkrise voreilig vom Licht am Ende des Tunnels gesprochen haben, müssen nun feststellen, dass das in Wirklichkeit der entgegenkommende Zug war.

Peer Steinbrück

Die Finanzkrise und ihre Gesichter

Ich würde mich schämen, wenn wir in der Krise Staatsgeld annehmen würden.

Josef Ackermann

Wer hätte gedacht, dass aus dem Mutterland des Turbokapitalismus innerhalb weniger Wochen die „Vereinigten Verstaatlichungen von Amerika" werden würden?

Carsten Schneider

Blindes Marktvertrauen führt ebenso in die Irre wie blindes Staatsvertrauen.

Jörg Asmussen

Die Leute, die sich jetzt verzockt haben, haben uns noch vor Kurzem mit ihrem Risikomanagement geschulmeistert.

Martin Kannegiesser

Wir wollen die Tyrannei des Marktes so wenig, wie die Tyrannei der Mehrheit.

Horst Köhler

Eine illiquide Bank ist genauso tot wie eine insolvente Bank

Helge Berger

Eine Staatsaufsicht, die jede Sparkassen-Filiale kurz und klein durchsucht, aber bei einem Dax-Unternehmen in einen Dornröschenschlaf fällt, die hat versagt.

Guido Westerwelle

Wenn es auf dem Weltfinanzmarkt brennt, dann muss gelöscht werden. Auch wenn es sich um Brandstiftung handelt.

Peer Steinbrück

Ich teile die Menschheit in drei Kategorien: Wir normale Menschen, die irgendwann in ihrer Jugend mal Äpfel geklaut haben, die zweite hat eine kleine kriminelle Ader, und die dritte besteht aus Investmentbankern.

Helmut Schmidt

Geldanlagen im Wandel

Ein Idealist ist ein Mann, dessen Liebe zum Geld unerwidert bleibt.

Thaddäus Troll

Geld erleichtert das Leben. Aber man kann nicht mehr als ein Steak essen.

Beate Uhse

Geldanlagen im Wandel

Kein Geld ist vorteilhafter angewandt als das, um welches wir uns haben prellen lassen: denn wir haben dafür unmittelbar Klugheit eingehandelt.

Arthur Schopenhauer

Es gibt Leute, die zahlen Geld für jeden Preis.

Arthur Schopenhauer

Das Geld gleicht dem Seewasser. Je mehr davon getrunken wird, desto durstiger wird man.

Arthur Schopenhauer

Wenn ein Mensch behauptet, mit Geld ließe sich alles erreichen, darf man sicher sein, dass er nie welches gehabt hat.

Aristoteles Onassis

Dem Geld darf man nicht nachlaufen, man muss ihm entgegengehen.

Aristoteles Onassis

Entscheidungen über Geld trifft man, indem man die Zeitungen zwischen den Zeilen liest.

André Kostolany

Freundschaft ist wie Geld: leichter zu machen als zu halten.

Samuel Butler

Das Geld zieht nur den Eigennutz an und führt unwiderstehlich zum Missbrauch.

Albert Einstein

Geld ist die perfekte Therapie gegen Ängste.

Akif Pirincci

Geld wird nicht mehr nur als Transaktionsmittel benutzt zum Zwecke der Finanzierung, sondern Geld wird gehandelt wie eine Ware.

Alfred Herrhausen

Man will Geld verdienen, um glücklich zu leben, und die ganze Anstrengung, die beste Kraft eines Lebens konzentriert sich auf den Erwerb dieses Geldes. Das Glück wird vergessen, das Mittel wird zum Selbstzweck.

Albert Camus

Wenn es um Geld geht, gibt es nur ein Schlagwort: „Mehr".

André Kostolany

Wer kein Geld hat, hat auch keinen Mut. Er fürchtet, überall zurückgesetzt zu werden, glaubt, jede Demütigung ertragen zu müssen, und zeigt sich allerorten in ungünstigem Licht.

Adolph von Knigge

Vergiss nie, dass Kredit auch Geld ist.

Benjamin Franklin

Wer der Meinung ist, dass man für Geld alles haben kann, der gerät leicht in den Verdacht, dass er für Geld alles zu tun bereit ist.

Benjamin Franklin

Es gibt tausend Möglichkeiten, Geld loszuwerden, aber nur zwei, es zu erwerben: Entweder wir arbeiten für Geld – oder das Geld arbeitet für uns.

Bernard M. Baruch

Geld hat noch nie einen Menschen glücklich gemacht und es wird nie einen Menschen glücklich machen. Je mehr man davon hat, desto mehr will man haben. Anstatt ein Vakuum zu füllen, erzeugt es eins.

Benjamin Franklin

Geldleute lesen gründlicher als Zeitungsliebhaber. Sie wissen besser, welche Nachteile aus flüchtiger Lektüre entstehen können.

Bertolt Brecht

Die Macht hat stets, wer zahlt.

Bertolt Brecht

Der Charme des Geldes liegt in seiner Menge.

Carl Fürstenberg

Wer auch immer gesagt hat, dass Geld nicht glücklich macht, hatte keine Ahnung, wo man gut zum Einkaufen geht.

Bo Derek

Ein Milliardär ist ein Mann, der auch mal klein als Millionär angefangen hat.

Jerry Lewis

Ich war mit fünf Millionären verheiratet, und ich muss sagen, es war immer wieder ein schönes Gefühl.

Zsa Zsa Gabor

Geld aus Hollywood ist kein Geld. Es ist ein gefrorener Schneeball, der in deiner Hand wegschmilzt – und dann stehst du da.

Dorothy Parker

Wer seine Schweißtropfen zählt, wird nie sein Geld zählen

Christian Friedrich Hebbel

Wenn man genug Geld hat, stellt sich der gute Ruf ganz von selbst ein.

Erich Kästner

Geld gleicht dem Dünger, der wertlos ist, wenn man ihn nicht ausbreitet.

Sir Francis Bacon

Geld allein macht nicht glücklich. Es gehören auch noch Aktien, Gold und Grundstücke dazu.

Danny Kaye

Informationen über Geld sind fast so wichtig wie Geld selbst.

Walter Woiston

Geld ist nicht alles. Mit zwanzig Millionen Dollar kann man genauso glücklich sein wie mit einundzwanzig.

Donald Trump

Je mehr Geld man hat, desto mehr Leute lernt man kennen, mit denen einen nichts verbindet außer Geld.

Tennessee Williams

Durch die Arbeit wurde der Affe zum Menschen, und durch das Geld wurde der Mensch wieder zum Affen.

Matthias Scharlach

Wo Geld vorangeht, sind alle Wege offen.

William Shakespeare

Die meisten Menschen werden nur deswegen nicht reich, weil sie vor lauter Arbeit keine Zeit zum Geldverdienen haben.

William James Durant

Geld ist ein Argument. Und oft nicht mal das schlechteste.

Werner Mitsch

Man darf kein Träumer sein, wenn man sein Geld im Schlaf verdienen will.

Werner Mitsch

Der Wert des Geldes ist der Pulsschlag des Staates.

Voltaire

In der ersten Hälfte unseres Lebens opfern wir die Gesundheit, um Geld zu erwerben, in der zweiten Hälfte opfern wir unser Geld, um die Gesundheit wiederzuerlangen.

Voltaire

Mit dem Geld ist es wie mit Toilettenpapier: Wenn man es braucht, braucht man es dringend.

Upton Beall Sinclair

Geld ist der Sauerstoff der Börse.

André Kostolany

Als ich jung war, glaubte ich, Geld sei das Wichtigste im Leben. Jetzt, wo ich alt bin, weiß ich, dass es das Wichtigste ist.

Oscar Wilde

Geld ist das Brecheisen der Macht.

Helmuth Pleßner

Geld ist die Kreditkarte des kleinen Mannes.

Herbert Marshall McLuhan

Das Einzige, was man ohne Geld machen kann, sind Schulden.

Heinz Schenk

Das Geld, das man besitzt, ist das Mittel zur Freiheit, dasjenige, dem man nachjagt, das Mittel zur Knechtschaft.

Jean-Jacques Rousseau

Dass ich meinen Film gemacht habe, hatte rein mineralogische Gründe – ich brauchte Kies.

Otto Waalkes

Endlich weiß ich, was den Menschen vom Tier unterscheidet: die Geldsorgen.

Jules Renard

Der Wert des Geldes ist, dass man – wenn man es hat – jedem Mann sagen kann: Scher dich zum Teufel! Es ist der sechste Sinn, der es einem ermöglicht, die anderen fünf zu genießen.

William Somerset Maugham

Die meisten Leute suchen nach dem, was sie nicht besitzen und werden durch eben die Dinge geknechtet, von denen sie glauben, sie würden sie einst zu Herrschern machen.

Anwar el Sadat

Die Phönizier haben das Geld erfunden – warum bloß so wenig?!

Johann Nepomuk Nestroy

Du kannst über Liebe so romantisch denken, wie du willst; aber du sollst nicht romantisch sein, wenn es ums Geld geht.

George Bernard Shaw

Ein reicher Mann ist oft nur ein armer Mann mit sehr viel Geld.

Aristoteles Onassis

Es ist eigenartig, wie das Geld sowohl Charaktere als auch ganze Verhältnisse zu verschleiern vermag.

Kurt Guggenheim

Es ist eine sehr große und erfreuliche Gabe Gottes, viel Geld zu haben und seinen Mitmenschen helfen zu können.

Jenny Lind

Ein gesunder Mensch ohne Geld ist halb krank.

Johann Wolfgang von Goethe

Geld ist wie Sprache – ein Instrument der Kommunikation. Geld und Sprache wurden spontan erfunden, wo Menschen etwas austauschen wollten – Gedanken einerseits, Eigentumsrechte oder Forderungen andererseits. Wie am Sinn der Worte und Sätze in der Sprache darf sich auch am Wert des Geldes nicht schnell viel ändern, soll die Kommunikation nicht unter Missverständnissen leiden.

Herbert Giersch

Es ist ein grundlegendes Missverständnis, wenn man glaubt, mit mehr Geld komme auch mehr Intelligenz.

Heinz Riesenhuber

Es ist nichts falsch daran, dass Menschen Reichtümer besitzen, falsch wird es, wenn Reichtümer Menschen besitzen.

Billy Graham

Geschäft ist mehr als Geld. Ein Geschäft, das nichts als Geld verdient, ist kein gutes Geschäft.

Henry Ford

Geld macht nicht glücklich. Aber wenn man unglücklich ist, ist es schöner, in einem Taxi zu weinen als in einer Straßenbahn.

Marcel Reich-Ranicki

Es ist oft produktiver, einen Tag lang über sein Geld nachzudenken, als einen ganzen Monat für Geld zu arbeiten.

Heinz Brestel

Geld allein macht nicht glücklich. Aber es gestattet immerhin, auf angenehme Weise unglücklich zu sein.

Jean Marais

Geld gleicht dem Dünger, der nur nützt, wenn er flächendeckend ausgestreut wird.

Francis Bacon

Geld ist nicht alles. Das stimmt. Aber für Geld kriegt man alles. Und das stimmt auch.

Carl Fürstenberg

Geld ist wie eine schöne Frau. Wenn man es nicht richtig behandelt, läuft es einem weg.

Jean Paul Getty

Geld macht nicht glücklich. Aber mit zwanzig Millionen ging es mir schlechter als mit fünfzig.

Arnold Schwarzenegger

Geld allein macht nicht glücklich – man muss es auch haben.

Graffito

Wer der Meinung ist, dass man für Geld alles haben kann, gerät leicht in den Verdacht, dass er für Geld alles zu tun bereit ist.

Benjamin Franklin

An der Börse sind 2 mal 2 niemals 4, sondern 5 minus 1. Man muss nur die Nerven und das Geld haben, das minus 1 auszuhalten.

André Kostolany

Ein reicher Mann ist oft nur ein armer Mann mit sehr viel Geld.

Aristoteles Onassis

Die Wirtschaft und ihre Regeln

Manager sind die Entscheider

Das Ideal eines Managers ist der Mann, der genau weiß, was er nicht kann, und der sich dafür die richtigen Leute sucht.

Philip Rosenthal

Der Ärger mit leitenden Managern ist der, dass zu viele, die nur ein Magengeschwür haben, Positionen bekleiden, die eigentlich nur denen mit zwei Magengeschwüren zustehen.

Prinz Philip von Großbritannien und Nord-Irland

Der gute Manager braucht einen heißen Kopf und ein weiches Herz.

Jack Welch

Deutsche Manager tragen oft die Nase so hoch, dass sie Schwierigkeiten beim Küssen haben.

Jiro Yanase

Die Aufgabe eines Managers ist mit der eines Dirigenten zu vergleichen. Mit einem Unterschied: im Wirtschaftsleben gibt es keine Proben.

Harald Speyer

Die Dinge sind nie so, wie sie sind. Sie sind immer das, was man aus ihnen macht.

Jean Anouilh

Die Wirtschaftswelt von heute braucht als Manager „One World"-Menschen, die nicht mehr nur im eigenen Land zu Hause, sondern in der Lage sind, alle Märkte – und das heißt die Welt – zu verstehen.

Carl Hahn

Ein gutes Mittel gegen die Managerkrankheit: mehr Zeit in deine Arbeit als Arbeit in deine Zeit.

Friedrich Dürrenmatt

Schicksal bedeutet nicht Chance, sondern Entscheidung. Du darfst nicht darauf warten, du musst es gestalten.

William Jennings Bryan

Was einen guten Manager ausmacht, ist die Fähigkeit, andere zu ungewöhnlichen Leistungen zu veranlassen.

Cyril Northcote Parkinson

Wir haben keine Probleme. Und wenn wir welche haben, lösen wir sie.

Günter Wille

Eine der wichtigsten Aufgaben eines Managers ist es, seine Leute zu motivieren.

Cyril Northcote Parkinson

Wir müssen das, was wir denken, auch sagen. Wir müssen das, was wir sagen, auch tun. Und wir müssen das, was wir tun, dann auch sein.

Alfred Herrhausen

Wenn ein guter amerikanischer Eishockey-Spieler mehr Geld verdient als der SAP-Vorstandschef, dann ist das ein Hinweis darauf, dass unsere Nation auf dem falschen Gleis ist.

Hasso Plattner

Marketing und Selbstvermarktung

Es ist ein wahres Gift für eine Erfindung, wenn sie zu früh und zu schnell auf den offenen Markt getrieben wird! Der Rückschlag bleibt nicht aus und zerstört auch den gesunden Kern, der Zeit zum Wachsen braucht und Ruhe.

Werner von Siemens

Wir haben immer wieder neue Wege zum Kunden gefunden.

Michael R. Quinlan

Wir vermarkten nicht bereits entwickelte Produkte, sondern wir entwickeln einen Markt für Produkte, die wir herstellen.

Akio Morita

In der Fabrik stellen wir Kosmetika her. Über die Ladentheke verkaufen wir Hoffnung.

Charles Haskell Revson

Je stärker eine Ware als ein wirklicher „Glücksfall" oder als eine besondere Gelegenheit empfunden wird, desto mehr verschwinden preisliche Bedenken.

Heinz Goldmann

Wer aufhört zu werben, um Geld zu sparen, kann ebenso seine Uhr anhalten, um Zeit zu sparen.

Henry Ford

Reden bewegt den Mund. Schreiben den Markt!

Jutta Metzler

Einfachheit ist die höchste Stufe der Vollendung.

Leonardo da Vinci

Mit dem Satz „Besuchen Sie unsere Website" schicken viele Unternehmer ihre Kunden in die Wüste.

Axel Haitzer

Um dich begreiflich zu machen, musst du zum Auge sprechen.

Johann Gottfried von Herder

Ohne Werbung Geschäfte machen ist so, als winke man einem Mädchen im Dunkeln zu. Man weiß zwar, was man will, aber niemand sonst.

Birtt Steuart Henderson

Das sagt die Statistik

Die Statistik ist eine sehr gefällige Dame. Nähert man sich ihr mit entsprechender Höflichkeit, dann verweigert sie einem fast nie etwas.

Edouard Herriot

Die Darstellung des exemplarischen Einzelfalles kann mehr aussagen und überzeugender sein als jede noch so ausgefeilte Statistik.

Heinz-Werner Meyer

Ich denke bei „Statistik" an den Jäger, der an einem Hasen beim ersten Mal knapp links vorbei schoss und beim zweiten Mal knapp rechts vorbei. Im statistischen Durchschnitt ergäbe dies einen toten Hasen.

Franz Steinkühler

Die Statistik ist wie eine Laterne im Hafen. Sie dient dem betrunkenen Seemann mehr zum Halt als zur Erleuchtung.

Hermann Josef Abs

Ich stehe Statistiken etwas skeptisch gegenüber. Denn laut Statistik haben ein Millionär und ein armer Schlucker je eine halbe Million.

Franklin Delano Roosevelt

Im STERN stand „Rudi Carrell: Ich glaube, ich bin einmalig." Dieses habe ich nie behauptet, aber statistisch stimmt es.

Rudi Carrell

Politiker über die Wirtschaft

Wenn Krise ist, muss man die Krise managen.

Gerhard Schröder

Es schadet im Leben nicht, wenn man mehr zu Ende gemacht hat als die Fahrschule.

Guido Westerwelle

Niemand kann glauben, dass es zu mehr Frieden führen würde, wenn alle eine Atombombe hätten.

Angela Merkel

Ich hätte mir gewünscht, dass mehr Politiker die Chance der Einheit genutzt hätten, das wiedervereinigte Land einer Generalüberholung zu unterziehen.

Kurt H. Biedenkopf

Die Halbwertzeit gültiger Äußerungen von Regierungserklärungen nähert sich dem Nullpunkt.

Eduard Heussen

In der Politik ist es wie in einem Konzert: Ungeübte Ohren halten schon das Stimmen der Instrumente für Musik.

Amintore Fanfani

Die Kunst der Regierung ist, die Menschen nicht schal werden zu lassen.

Napoleon Bonaparte

Eine gute Regierung ist wie eine geregelte Verdauung. Solange sie funktioniert, merkt man kaum etwas von ihr.

Erskine Caldwell

An der Sprache erkennt man das Regime.

Heinrich Mann

Eine übermäßig aktive Regierung behindert den wirtschaftlichen Fortschritt.

Ronald Reagan

Was die Kosmetik für die Damen, ist der Regierungssprecher für die Regierung.

Hans-Dietrich Genscher

Jeder Mittelständler haftet mit seinem letzten Hosenknopf. Diese Kultur der persönlichen Verantwortung brauchen wir auch in DAX-Vorständen.

Guido Westerwelle

Unternehmer im Wirtschaftsfluss

Der Auftrag des Unternehmers heißt, Geld zu verdienen. Und sonst nichts.

Erich Sixt

Der Bedarf nach besseren oder preiswerteren Angeboten ist praktisch unbegrenzt. Ein wahrer Unternehmer kennt dieses Gesetz.

Erich Sixt

Ich prüfe jedes Angebot. Es könnte das Angebot meines Lebens sein.

Henry Ford

Ein Gramm Unternehmensgeist wiegt mehr als ein Kilogramm Bürokratie.

Arno Sölter

Ein Unternehmen bauen, ist so kreativ wie ein Bild malen oder ein Buch schreiben.

Phil Knight

Ein Unternehmer muss wie ein Sportler den Ehrgeiz haben, zur Olympiade zu kommen und dort der Erste zu sein.

Horst Warneke

Die Menschen machen immer die Umstände dafür verantwortlich, was sie sind. Ich glaube nicht an Umstände. Die Menschen, die vorangehen in dieser Welt, sind stets jene, die sich aufmachen und die Umstände suchen, die sie brauchen, und sie schaffen, wenn sie sie nicht finden können. (Machen wir uns in diesem Sinne auf in das neue Jahr, von dem viele sagen, es sei das wahre Jahr 1 im 21. Jahrhundert, im dritten Jahrtausend. Warum sollten wir nicht diejenigen sein, die vorangehen in dieser Welt?! Warum sollten wir nicht jene sein, die sich aufmachen und die Umstände suchen, die sie brauchen?! Und warum sollten wir sie nicht schaffen, wenn wir sie nicht finden können, weil es sie noch nicht gibt!? Mein Gott, was ist das für eine faszinierende Welt, in der so viele Gelegenheiten auf uns warten!)

George Bernard Shaw

Ich bin dazu da, ein Arbeitsklima zu schaffen, in dem die Leute kreativ sein können.

Reinhard Springer

Ich zahle nicht gute Löhne, weil ich viel Geld habe, sondern ich habe viel Geld, weil ich gute Löhne zahle.

Robert Bosch

Unternehmerin sein, heißt: Überblick haben, koordinieren, Ziele setzen, Richtung weisen.

Marlies Blohm-Harry

Der Wirtschaft auf den Zahn gefühlt

Prinzip der Marktwirtschaft: Tu mir was Gutes – tu ich dir was Gutes. (Do something good for me and I'll do something good for you.)

Walter Williams

Soziale Marktwirtschaft vollzieht sich nicht in Gesetzbüchern, sondern im Denken und Handeln der Menschen.

Richard von Weizsäcker

Wir sind dabei, die Welt zu reduzieren auf Angebot und Nachfrage.

Gertrud Höhler

Der Staat muss Gärtner sein und darf nicht Zaun sein, wenn er Wachstumspolitik betreiben will.

Angela Merkel

Der Vertrieb bestimmt die Lösung

Ehe wir uns anschicken, andere zu überzeugen, müssen wir selbst überzeugt sein.

Dale Carnegie

Einen Gescheiten kann man überzeugen, einen Dummen muss man überreden.

Curt Goetz

Einer meiner langjährigen Verkäufer hat einmal das Geheimnis seines Erfolges entschleiert: Man muss den Kunden reden lassen und ein guter Zuhörer sein.

Wilhelm Becker

Eines Tages kam ein Pfarrer zu einem Versicherungsagenten, der im Sterben lag. Er war ein schlechtes Schaf der Kirche gewesen, alle seine Tage. Und es wird berichtet: Der Agent starb ungläubig, wie er gelebt hatte – aber der Pfarrer ging versichert von dannen.

Kurt Tucholsky

Man kann alles verkaufen, wenn es gerade in Mode ist. Das Problem besteht darin, es in Mode zu bringen.

Ernest Dichter

Weltwirtschaft im globalen Netz

Wer ein Dienstmädchen einstellt und bezahlt, erhöht das Bruttosozialprodukt; wenn er das Dienstmädchen heiratet, senkt er das Bruttosozialprodukt wieder.

Marcel Mart

Global denken, aber lokal handeln. (Think Global – Act Local.)

Aus den USA

Je enger und intensiver die Weltwirtschaft wird, desto mehr bewegen wir uns auf einen immerwährenden Weltfrieden zu, auch wenn das im Augenblick noch so größenwahnsinnig und vermessen klingen mag.

John Naisbitt

Die USA und China führen eine Ehe wie meine Frau und ich. Die Frau gibt aus, was der Mann spart und verdient.

Niall Ferguson

Die wichtigen Schlachten finden tatsächlich in der Wirtschaft statt. Die Auseinandersetzungen im politischen Sektor sind hingegen uninteressant, mittelmäßig und vergleichsweise unbedeutend.

Jean-Louis Servan-Schreiber

50 Prozent der Wirtschaft sind Psychologie. Wirtschaft ist eine Veranstaltung von Menschen, nicht von Computern.

Alfred Herrhausen

Die Wirtschaft hat ihre eigenen Gesetze; wo die Politik sich einmischt, verliert sie ihr Gleichgewicht.

Karl Peltzer

Ein Wirtschaftsminister ist nur dann gut, wenn er nichts tut. Das Wirtschaftswunder von Ludwig Erhard beruht vor allem auf der Tatsache, dass er nichts getan hat.

Rudolf von Bennigsen-Foerder

Es gibt zwei Arten von Wirtschaftsprognostikern: „Those who don't know and those who don't know that they don't know."

John Kenneth Galbraith

Kapitalismus geht entweder an Einkommensteuer kaputt oder an wirtschaftspolitischen Reden.

Ephraim Kishon

Wirtschaft kann man nicht dozieren, man muss sie selbst erleben – und überleben.

André Kostolany

Der Markt ist kein Selbstzweck. Der Markt ist eine Ordnung – eine Ordnung, in der entweder die Rücksichtslosen Triumphe feiern, oder in der sich Verantwortung durchsetzen kann.

Frank-Walter Steinmeier

Die Produktion muss den Märkten folgen.

Ernst Baumann

Ich würde ein System befürworten, bei dem wir zwanzig Spitzenmanager die wirtschaftliche Führung des Landes übertragen und sie dafür vielleicht sogar mit einer Million Dollar pro Jahr steuerfrei entlohnen. Dies wäre ein echter Ansporn.

Lee Iacocca

Je freier die Wirtschaft, umso sozialer ist sie auch.

Ludwig Erhard

Ein globales Unternehmen muss Werte finden, die global Gültigkeit haben - ohne beliebig zu sein.

Peter Brabeck

Management in Education

Das Geheimnis des Erfolgs

Erfolg ist geben, immer wieder geben; man kann nicht verhindern, dass es immer wieder zurückkommt.

Gottlieb Duttweiler

Für Wunder muss man beten, für Veränderungen muss man arbeiten.

Thomas von Aquin

Alles Gelingen hat sein Geheimnis, alles Misslingen seine Gründe.

Joachim Kaiser

Auch Erfolg wird bestraft. Die Strafe liegt darin, dass man mit Leuten zusammenkommt, die man früher meiden durfte.

John Updike

Es muss dir Vergnügen bereiten, Menschen zu begegnen, wenn du willst, dass diese Menschen gerne in deiner Gesellschaft sind.

Dale Carnegie

Das Geheimnis des Erfolgs

Das Außerordentliche geschieht nicht auf glattem, gewöhnlichem Wege.

Johann Wolfgang von Goethe

Das Geheimnis des Erfolgs? Anders sein als die anderen.

Woody Allen

Deine ganze Macht steckt in deinem Kopf. Hol sie raus. Es ist ganz einfach.

Ignacio Lopez de Arriortua

Der Erfolg liegt im Mut zum Extrem und in der Beharrlichkeit zur Mitte. Ohne Vorstöße in neue, in höhere Quantenbahnen ist der Rückschlag wahrscheinlich, und die sichere Mitte verbürgt allenfalls Mittelmäßigkeit.

Hans L. Merkle

Der Erfolgreiche lebt das Leben begeistert! Er ist ein echter Freund des Lebens. Und damit ist er auch sein eigener Freund.

Vera F. Birkenbihl

Der Manager wird dann am erfolgreichsten sein, wenn er den Erfolg nicht mehr zu suchen braucht, weil er ihn verkörpert.

Winfried M. Bauer

Der Schlüssel zum Erfolg sind nicht Informationen. Das sind Menschen.

Lee Iacocca

Ein Autor von Format erholt sich schnell von einem Misserfolg. Aber selten übersteht ein mittelmäßiger Schriftsteller unbeschadet einen größeren Erfolg.

Eugène Ionesco

Erfolgsregel: Ich jage nie zwei Hasen auf einmal.

Otto von Bismarck

Es genügt nicht, zum Fluss zu kommen mit dem Wunsch, Fische zu fangen. Du musst auch das Netz mitbringen.

Aus China

Ich bin überzeugt, dass ich meinen Erfolg drei Dingen verdanke: Glück, Talent und Lockerheit.

Til Schweiger

Lieber ein Tag als Löwe als hundert Tage als Schaf.

Bruno Bruni

Man muss das Unmögliche versuchen, um das Mögliche zu erreichen.

Hermann Hesse

Das Geheimnis des Erfolgs

Man muss in einer Branche nicht der Erste, aber origineller sein als die anderen.

Paul Gauselmann

Nicht das, was ich erreicht habe, interessiert mich, sondern das, was noch vor mir liegt.

Karl Lagerfeld

Sie brauchen eine klare Vision von dem, was Sie tun wollen – und müssen dranbleiben!

Roger B. Smith

Tu erst das Notwendige, dann das Mögliche, und plötzlich schaffst du das Unmögliche.

Franz von Assisi

Unsere größte Schwäche liegt im Aufgeben. Der sicherste Weg zum Erfolg ist immer, es doch noch einmal zu versuchen. (Our greatest weakness lies in giving up. The most certain way to succeed is always to try just one more time.) Und was für Erfinder gilt, gilt auch für Sportler. Packen Sie es an – wieder und wieder. Versuchen Sie es noch einmal. So werden Glühbirnen erfunden – und Rekorde gebrochen.

Thomas Alva Edison

Man muss ins Gelingen verliebt sein, nicht ins Scheitern.

Ernst Bloch

Was bedeutet schon Geld? Ein Mensch ist erfolgreich, wenn er zwischen Aufstehen und Schlafengehen das tut, was ihm gefällt.

Bob Dylan

Gewinn und Verluste

Der Gewinn ist Maßstab, nicht Ziel eines Unternehmens.

Hans L. Merkle

Ein Unternehmen, das Gewinne macht, ist das sozialste Unternehmen überhaupt: Es erhält Arbeitsplätze und baut neue auf.

Jürgen Schrempp

Gewinn ist notwendig wie die Luft zum Atmen, aber es wäre schlimm, wenn wir nur wirtschaften würden, um Gewinn zu machen, wie es schlimm wäre, wenn wir nur leben würden, um zu atmen.

Hermann Josef Abs

Meist belehrt erst der Verlust über den Wert der Dinge.

Arthur Schopenhauer

Wer die Freiheit aufgibt, um Sicherheit zu gewinnen, wird am Ende beides verlieren.

Benjamin Franklin

Der Beweis von Heldentum liegt nicht im Gewinnen einer Schlacht, sondern im Ertragen einer Niederlage.

David Lloyd George

Wir streben mehr danach, Schmerz zu vermeiden als Freude zu gewinnen.

Sigmund Freud

Liebe: ein Handel, wo beide Parteien gewinnen.

Georg Christoph Lichtenberg

Staat vs. Management

Als Daidalos sein Labyrinth erbaute, ahnte er nicht, dass er das Modell für die Sozialgesetzgebung schuf.

Wolfram Weidner

Alle menschlichen Einrichtungen sind unvollkommen – am allermeisten staatliche.

Otto von Bismarck

Ich glaube, dass der Staat überall über das Ziel hinausgeschossen ist. Der Staat hat seinen Einfluss auf zu viele Gebiete ausgedehnt.

James Buchanan

Der Staat, der seinem Namen gerecht wird, hat keine Freunde – nur Interessen.

Charles de Gaulle

Der Staat ist heute jedermann, und jedermann kümmert sich um niemanden.

Honoré de Balzac

Wer einen Staat schützen will, muss ihn verteidigungswürdig machen. Die Bürger leben und sterben ungern für ein Fragezeichen.

André Malraux

Nur die Lüge braucht die Stütze der Staatsgewalt, die Wahrheit steht von alleine aufrecht.

Benjamin Franklin

Wenn ein Kolonialwarenhändler in seinem kleinen Laden so viele Dummheiten und Fehler machte wie die Staatsmänner und Generäle in ihren großen Ländern, wäre er in spätestens vier Wochen bankrott.

Erich Kästner

Der Staatsdienst muss zum Nutzen derer geführt werden, die ihm anvertraut werden, nicht zum Nutzen derer, denen er anvertraut ist.

Marcus Tullius Cicero

Den ungerechtesten Frieden finde ich immer noch besser als den gerechtesten Krieg.

Marcus Tullius Cicero

Ich habe gelernt, dass Fehler ein ebenso guter Lehrmeister sei können wie Erfolge.

Jack Welch

Wer das Ziel kennt, kann entscheiden. Wer entscheidet, findet Ruhe. Wer Ruhe findet, ist sicher. Wer sicher ist, kann überlegen. Wer überlegt, kann verbessern.

Konfuzius

Gute Arbeit braucht Motivation

Alles Große in unserer Welt geschieht nur, weil jemand mehr tut, als er muss.

Hermann Gmeiner

Als ich ein junger Mann war, merkte ich, dass von zehn Dingen, die ich tat, neun fehlschlugen. Ich wollte kein Versager sein und arbeitete zehnmal so viel.

George Bernard Shaw

Bete, als ob alles von Gott abhinge, aber arbeite, als ob alles von dir abhinge.

Francis Joseph Spellmann

Arbeit, die ewige Last, ohne die alle übrigen Lasten unerträglich würden. (Work is the never ending burden without which all other burdens would be unbearable./Le travail c'est le fardeau éternel, sans lequel tous les autres fardeaux seraient insupportables.)

Klaus Mann

Der Durchschnittsmensch steckt nur ein Viertel seiner Energie und Fähigkeiten in die Arbeit. Hut ab vor denen, die mehr als die Hälfte geben. Die Welt steht Kopf vor den wenigen, die alles geben.

Andrew Carnegie

Bescheidener Input (Engagement) führt meist zu bescheidenem Output (Resultat).

Bertie Charles

Arbeit gibt uns mehr als den Lebensunterhalt, sie gibt uns das Leben.

Henry Ford

Ich habe nie Wertvolles zufällig getan. Meine Erfindungen sind nie zufällig entstanden. Ich habe gearbeitet. (I never did anything worth doing by accident, nor did any of my inventions come by accident.)

Thomas Alva Edison

Gute Arbeit braucht Motivation

Der Grund, warum mehr Menschen an Sorgen sterben als an Arbeit ist der, dass mehr Menschen Sorgen haben als arbeiten.

Robert Lee Frost

Die Arbeit hält drei große Übel fern: die Langeweile, das Laster und die Not.

Voltaire

Es gibt Menschen, die Fische fangen, und solche, die nur das Wasser trüben.

Aus China

Erbitte Gottes Segen für deine Arbeit, aber verlange nicht auch noch, dass er sie tue!

Karl Heinrich Waggerl

Es ist reine Zeitverschwendung, etwas Mittelmäßiges zu tun.

Madonna

Es gibt weder gute noch schlechte Jobs. Gut oder schlecht ist das, was einer aus seinem Job macht.

Edward Teller

Ich habe kein Talent zur Faulheit.

Theodor Heuss

Glückliche Menschen gehen in ihrer Arbeit auf, aber niemals unter.

Rudolf Scheid

Häufig leidet man daran, dass man zwar viel Arbeit, aber keine Aufgabe hat.

Hellmut Walters

Wo dein Interesse ist, da ist deine Energie.

Dale Carnegie

Leben ist arbeiten, und alles, was man tut, bringt Erfahrung.

Henry Ford

Nicht unsere Arbeit macht uns zu dem, was wir sind, sondern das, was wir aus unserer Arbeit machen.

Walter Böckmann

Über Nacht berühmt wird man nur dann, wenn man über Tag hart gearbeitet hat.

Howard Carpendale

Weiterzuarbeiten, obwohl man reich ist, das ist der größte Luxus.

Paloma Picasso

Wird dir dein Tagwerk zur Last, bist du nicht wert, dass du es hast.

Friedrich Wilhelm Weber

Der ärmste Mensch ist der, der keine Beschäftigung hat.

Albert Schweitzer

Wenn kein Wind geht, dann rudere.

Aus Polen

Wir brauchen mehr Arbeitsplätze, nicht mehr Druckmittel gegen Arbeitslose.

Heinrich Franke

Es gibt keine Arbeitszeitverlängerung bei der Deutschen-Post-AG. Das ist sicherer als das Zölibat.

Andrea Kocsis

Eine der erstaunlichsten Erscheinungen ist, dass man sich einbildet, von abhängigen Menschen unabhängige Meinungen erwarten zu dürfen.

Sigmund Graff

Erstklassige Männer stellen erstklassige Männer ein, zweitklassige nur drittklassige.

Franz Luwein

Wenn man von den Leuten Pflichten fordert und ihnen keine Rechte zugestehen will, muss man sie gut bezahlen.

Johann Wolfgang von Goethe

Besessenheit ist der Motor – Verbissenheit ist die Bremse.

Rudolf Gametowitsch Nurejew

Sagst du's mir, so vergesse ich es. Zeigst du's mir, so merke ich es mir. Lässt du mich teilhaben, so verstehe ich es.

Aus China

Der stärkste Trieb in der menschlichen Natur ist der Wunsch, bedeutend zu sein.

John Dewey

Die einzige Möglichkeit, Menschen zu motivieren, ist die Kommunikation.

Lee Iacocca

Eine mächtige Flamme entsteht aus einem winzigen Funken.

Dante Alighieri

Gibt es etwa eine bessere Motivation als den Erfolg?

Ion Tiriac

Eine Rede ist das beste Mittel, um eine große Gruppe zu motivieren.

Lee Iacocca

Ich will nicht Geld machen. Ich will wundervoll sein. (I don't want to make money. I just want to be wonderful.)

Marilyn Monroe

Ich will nicht nur an euren Verstand appellieren. Ich will eure Herzen gewinnen.

Mahatma Gandhi

Jeder Vorgesetzte, der etwas taugt, hat es lieber mit Leuten zu tun, die sich zu viel zumuten, als mit solchen, die zu wenig in Angriff nehmen.

Lee Iacocca

Man muss mit den richtigen Leuten zusammenarbeiten, sie achten und motivieren. Dauerhafter Erfolg ist nur im Team möglich.

Klaus Steilmann

Mitarbeiter sind wie wertvolle Uhren. Man muss sie schonend behandeln und immer wieder aufziehen.

Gerald W. Huft

Nichts spornt mich mehr an als die drei Worte: Das geht nicht. Wenn ich das höre, tue ich alles, um das Unmögliche möglich zu machen.

Harald Zindler

Sie müssen eine Vision haben und sie durchsetzen – mit Motivation und Überredungskunst.

Friedrich Ebeling

Kein Ding ist gut oder schlecht, erst das Denken macht es dazu.

William Shakespeare

Reicht uns das Schicksal eine Zitrone, dann sollten wir versuchen, Limonade daraus zu machen.

Dale Carnegie

Ihre Kunden und deren Wünsche

Der Kunde ist immer König

Der Kunde ist die erste und die letzte Instanz aller Unternehmerischen Entscheidungen.

Peter Dussmann

Viele erfolgreiche Verkäufer geben ihren Kunden zu ausführliche Antworten auf nicht gestellte Fragen.

Jürgen Schoemen

Ein falscher Satz zur falschen Zeit, am falschen Ort – und schon ist der Kunde fort.

Jürg W. Leipziger

Wir wollen, dass unsere Kunden wiederkommen und nicht unsere Produkte.

Ingo Reichhardt

Es reicht nicht, wenn unsere Manager großartige Wirtschaftsfachleute oder auch tolle Techniker sind, wenn sie den Menschen, also ihren Kunden, längst aus dem Auge verloren haben.

Daniel Goeudevert

Wir müssen in erster Linie an den Kunden denken, wenn wir wollen, dass der Kunde auch an uns denkt.

Emil Oesch

Es gibt nur einen Boss: den Kunden. Er kann jeden im Unternehmen feuern, von der Geschäftsleitung abwärts, ganz einfach, indem er sein Geld woanders ausgibt.

Sam Moore Walton

Ausdruck gezielt stärken und einsetzen

Einfach reden, aber kompliziert denken – nicht umgekehrt.

Franz Josef Strauß

Man muss denken, wie die wenigsten und reden wie die meisten.

Arthur Schopenhauer

Nichts ist einfacher als sich schwierig auszudrücken, und nichts ist schwieriger als sich einfach auszudrücken.

Karl Heinrich Waggerl

Nie übertreiben. Es sei ein wichtiger Gegenstand unserer Aufmerksamkeit, nicht in Superlativen zu reden.

Baltasar Gracián y Morales

Von zwei möglichen Wörtern ist immer das schlichtere zu wählen.

Paul Valéry

Vertrauen aufbauen, langfristige Erträge sichern

Nur ein Mensch, der Selbstvertrauen hat, kann das Vertrauen anderer erwerben.

Vera F. Birkenbihl

Selbstvertrauen gewinnt man dadurch, dass man genau das tut, wovor man Angst hat, und auf diese Weise eine Reihe von erfolgreichen Erfahrungen sammelt.

Dale Carnegie

Zwei Dinge verleihen der Seele am meisten Kraft: Vertrauen auf die Wahrheit und Vertrauen auf sich selbst.

Lucius Annaeus Seneca

Lieber Geld verlieren als Vertrauen.

Robert Bosch

Zu vertrauen ist gut, nicht zu vertrauen ist besser.

Giuseppe Verdi

Sei höflich zu allen, aber freundschaftlich mit wenigen; und diese wenigen sollen sich bewähren, ehe du ihnen Vertrauen schenkst.

George Washington

Vertrauen wird dadurch erschöpft, dass es in Anspruch genommen wird.

Bertolt Brecht

Vertrauen ist die Währung, in der gezahlt wird.

Angela Merkel

Werbung – geliebt und verkauft

Was die Kosmetik für die Damen, ist der Regierungssprecher für die Regierung.

Hans-Dietrich Genscher

Werbung ist die Kunst, anderen Leuten zu beweisen, dass sie unserer Meinung sind.

Peter Ustinov

Werbung ist die Kunst, auf den Kopf zu zielen und die Brieftasche zu treffen.

Vance Packard

Es gibt drei Arten von Werbung. Laute, lautere und unlautere.

Werner Mitsch

Hinter der Werbung steht vielfach die Überlegung, dass jeder Mensch eigentlich zwei sind: einer, der er ist, und einer, der er sein will.

William Feather

Viele kleine Dinge wurden durch die richtige Art von Werbung groß gemacht.

Mark Twain

Werbung gehört zum Produkt wie der elektrische Strom zur Glühbirne.

Charles Paul Wilp

Würde der Handel mit Menschen handeln, würde er sie als „Gotteskinder" anbieten.

Werner Schneyder

Wenn Sie einen Dollar in Ihr Unternehmen stecken wollen, so müssen Sie einen zweiten bereithalten, um das bekannt zu geben.

Henry Ford

Zitate für besondere Anlässe

Die richtigen Worte zu einer Eröffnung

Auch aus Steinen, die einem in den Weg gelegt werden, kann man Schönes bauen.

Johann Wolfgang von Goethe

Mathematik ist das Alphabet, mit dessen Hilfe Gott das Universum beschrieben hat.

Galileo Galilei

Wer immer tut, was er schon kann, bleibt immer das, was er schon ist.

Henry Ford

Am Klange kennt man die Metalle und an der Rede die Menschen.

Baltasar Gracián y Morales

Das, was man sagen muss, kann keiner sagen.

Michelangelo

Gehe nicht, wohin der Weg führen mag, sondern dorthin, wo kein Weg ist, und hinterlasse eine Spur.

Jean Paul

Es gibt Momente in der Geschichte, da treffen ein Unternehmer, eine Technik und die Bedürfnisse der Menschen zusammen.

Craig McCaw

Geburtstagswünsche mal anders

Geburtstage sind das Echo der Zeit.

Evelyn Arthur St. John Waugh

Es gibt bereits alle guten Vorsätze, wir brauchen sie nur noch anzuwenden.

Blaise Pascal

Alter ist irrelevant, es sei denn, du bist eine Flasche Wein.

Joan Collins

Wenn ein Mann den Geburtstag seiner Frau vergisst, hat er nicht gemerkt, dass sie ein Jahr älter geworden ist.

Josef Meinrad

Ein Jahr zählt mir soviel Tage, wie man genutzt hat.

George Bernard Shaw

Kondolenz und aufrichtige Anteilnahme

Was man tief in seinem Herzen besitzt, kann man nicht durch den Tod verlieren.

Johann Wolfgang von Goethe

Wer einen Fluss überquert, muss die eine Seite verlassen.

Mahatma Gandhi

Die Hoffnung ist der Regenbogen über den herabstürzenden Bach des Lebens.

Friedrich Wilhelm Nietzsche

Wer weiß denn, ob das Leben nicht „Totsein" ist und „Totsein" Leben?

Euripidis

Was wir ausstrahlen in die Welt,
die Wellen, die von unserem Sein ausgehen,
das ist es, was von uns bleiben wird,
wenn unser Sein längst dahin gegangen ist.

Viktor E. Frankl

Mit jedem Menschen sterben auch die Toten, die nur in ihm noch gelebt hatten.

Richard von Schaukal

Wir sterben viele Tode, solange wir leben, der letzte ist nicht der bitterste.

Karl Heinrich Waggerl

Den Tod fürchten die am wenigsten, deren Leben den meisten Wert hat.

Immanuel Kant

Die Erinnerung ist das einzige Paradies, aus dem wir nicht vertrieben werden können.

Jean Paul

Was ein Mensch an Gutem in die Welt hinaus gibt, geht nicht verloren.

Albert Schweitzer

Niemand kennt den Tod, es weiß auch keiner, ob er nicht das größte Geschenk für den Menschen ist. Dennoch wird er gefürchtet, als wäre es gewiss, dass er das schlimmste aller Übel sei.

Sokrates

Ich glaube, dass wenn der Tod unsere Augen schließt, wir in einem Lichte stehen, von welchem unser Sonnenlicht nur der Schatten ist.

Arthur Schopenhauer

Wir sind vom gleichen Stoff, aus dem die Träume sind und unser kurzes Leben ist eingebettet in einen langen Schlaf.

William Shakespeare

Auf den Flügeln der Zeit fliegt die Traurigkeit dahin.

Jean de La Fontaine

Die besten Wünsche zur Beförderung

Geld und eine Beförderung sind die konkreten Mittel, mit denen ein Unternehmen jemandem bescheinigt, dass er/sie der wertvollste Mitspieler ist.

Henry Ford

Achtung verdient, wer erfüllt, was er vermag.

Sophokles

Anerkennung ist ein wundersam Ding: sie bewirkt, dass das, was an anderen hervorragend ist, auch zu uns gehört.

Voltaire

Das ganze Glück der Menschen besteht darin, bei anderem Achtung zu genießen.

Blaise Pascal

Wer was gelten will, muss andere gelten lassen.

Johann Wolfgang von Goethe

Durch Anerkennung und Aufmunterung kann man in einem Menschen die besten Kräfte mobilisieren.

Charles M. Schwab

Leistung allein genügt nicht. Man muss auch jemanden finden, der sie anerkennt.

Lothar Schmidt

Arbeite und lerne, und du kannst gar nicht verhindern, dass du etwas wirst.

Dale Carnegie

Es ist besser, Ehrungen zu verdienen und nicht geehrt zu sein, als geehrt zu sein und es nicht zu verdienen.

Mark Twain

Ehrungen, das ist, wenn die Gerechtigkeit ihren guten Tag hat.

Konrad Adenauer

Cäsar ist großzügig. Er ehrt seinen Gegner, aber nicht ehe er ihn erschlagen hat.

Marcus Tullius Cicero

Die besten Zitate für eine perfekte Rede

Eine abgelesene Rede garantiert, dass Ihnen das Publikum nicht zuhört.

Henry Kissinger

Persönlichkeiten werden nicht durch schöne Reden geformt, sondern durch Arbeit und eigene Leistung.

Albert Einstein

Tue so viel Gutes, wie du kannst, und mache so wenig Gerede wie nur möglich darüber.

Charles Dickens

Alles wird teurer, nur die Ausreden werden billiger.

Rudolph Bernhard

Alles, was du sagst, sollte wahr sein. Aber nicht alles, was wahr ist, solltest du auch sagen.

Voltaire

Mit einem kurzen Schweifwedeln kann ein Hund mehr Gefühl ausdrücken, als mancher Mensch mit stundenlangem Gerede.

Louis Armstrong

Einen Vorsprung im Leben hat, wer da anpackt, wo die anderen erst einmal reden.

John F. Kennedy

Wer alt mit Fürsten wird, lernt vieles, lernt zu vielem schweigen.

Johann Wolfgang von Goethe

Es gibt viele, die uns etwas einreden wollen, und wenige, die uns ausreden lassen.

Pietro Corelie

Das Wort ergreifen heißt immer auch handeln.

Siegfried Lenz

Die Rede hat immer einen Anfang und meistens einen Schluss. Was dazwischen liegt, ist nicht so wichtig. Der Anfang ist verhältnismäßig leicht. Der Redner kann sich beispielsweise dafür entschuldigen, dass er redet, um es dann doch zu tun. Er kann sagen, dass er von der Sache nichts versteht, und dies sogleich unter Beweis stellen. Er kann den Zuhörern auch sagen, warum sie da sind: Wir haben uns heute hier versammelt, um... Die Zuhörer freuen sich immer, wenn ihnen etwas mitgeteilt wird, was sie bereits wissen.

Manfred Rommel

Es gibt eine Anekdote von einem Angelsachsen, der in Tokio einen etwas längeren Eingangsscherz vortrug, den der Dolmetscher mit zwei Worten übersetzte, worauf tosendes Gelächter anhub. Später fragte der Angelsachse einen Japaner, wie sein Scherz übersetzt worden sei. Sagte der: „Gar nicht. Der Übersetzer hat gesagt, alle sollen lachen, und das haben wir getan."

Fernando Wassner

Studien haben nachdrücklich gezeigt, dass die Angst Nummer eins des Menschen das öffentliche Reden ist. Angst Nummer zwei ist der Tod.

Eric Bergman

Die Freiheit der Rede hat den Nachteil, dass immer wieder Dummes, Hässliches und Bösartiges gesagt wird; wenn wir aber alles in allem nehmen, sind wir doch eher bereit, uns damit abzufinden, als sie abzuschaffen.

Winston Spencer Churchill

Die Freiheit zu schweigen ist Teil der Redefreiheit.

Erhard Eppler

Ein Volk, das in der Lage ist, alles zu sagen, ist bald in der Lage, alles zu tun.

Napoleon Bonaparte

In den Diktaturen darf man nichts sagen, muss alles nur denken. In der Demokratie darf man alles sagen, aber keiner ist verpflichtet, sich dabei etwas zu denken.

Willi Ritschard

Worte sind wie Laub – wo sie im Übermaß sind, findet man selten Früchte darunter.

Alexander Pope

Auch Worte sind Handlungen.

Johann Peter Eckermann

Demosthenes litt in seiner Jugend an einem Sprachfehler. Um sich von ihm zu befreien, ging er ans Meer, steckte sich einen Kieselstein in den Mund und sprach gegen die Brandung an – mit Erfolg. Er wurde der berühmteste Redner der Griechen.

Willy E. J. Schneidrzik

Die Geschwätzigkeit ist die Maschinenpistole der Kaffeehaustanten.

Ernst R. Hauschka

Geschliffene Reden sind so wohltönend, weil das Geräusch des vorangegangenen Schleifens bereits verklungen ist.

Ron Kritzfeld

Die Philosophie lehrt handeln, nicht schwatzen.

Lucius Annaeus Seneca

Die Diktatur duldet Reden, aber keine Widerreden.

Werner Mitsch

Die Reden der Feldherren sind Taten.

Heinrich Lützeler

Du kannst von dem, was du nicht fühlst, nicht reden.

William Shakespeare

Ein Redner kann sehr gut informiert sein, aber wenn er sich nicht genau überlegt hat, was er heute diesem Publikum mitteilen will, dann sollte er darauf verzichten, die wertvolle Zeit anderer Leute in Anspruch zu nehmen.

Lee Iacocca

Höre viel, halte dich zurück, wenn dir Zweifel kommen, und wähle im Übrigen deine Worte mit Bedacht, dann wird es wenig Tadel geben. Sieh viel, vermeide, was gefährlich ist, und handele im Übrigen umsichtig und bedacht, dann wirst du wenig zu bereuen haben.

Konfuzius

Rede = Die Kleidung der Seele.

Lucius Annaeus Seneca

Ich höre jeden gern über sich selbst reden, weil ich dann immer nur Gutes höre.

William Penn Adair "Will" Rogers

Lieber mal eine schwache Rede, aber einen starken Charakter, als eine starke Rede und schwache Charaktere.

Walter Hirche

Reden lernt man durch reden.

Marcus Tullius Cicero

Wer so spricht, dass er verstanden wird, spricht gut.

Molière

Aufhören können, das ist nicht eine Schwäche, das ist eine Stärke.

Ingeborg Bachmann

Es gibt eine Zeit, wo nichts gesagt werden muss, und eine Zeit, wo etwas gesagt werden muss – aber nie eine Zeit, wo alles gesagt werden muss.

William Caxton

Es ist ein Beweis der Bildung, die größten Dinge auf die einfachste Art zu sagen.

Ralph Waldo Emerson

Ich habe nichts gegen Menschen, die auf ihre Uhr gucken, während ich rede. Aber ich protestiere strengstens dagegen, wenn sie anfangen, die Uhr zu schütteln, um festzustellen, ob sie noch geht.

William Norman Birkett

Wird man unerwartet gebeten, eine Rede zu halten, so erschrecke man nicht, sondern fasse sich. Aber kurz!

Heinz Erhardt

Der erste Eindruck zählt, der letzte bleibt

Wer glaubt, etwas zu sein, hat aufgehört, etwas zu werden.

Philip Rosenthal

Politiker werden in unvertretbarem Maße verschlissen. In Deutschland gehen mehr Arbeitsstunden durch Grußworte verloren als durch Streiks.

Ingo von Münch

Wer kämpft, kann verlieren. Wer nicht kämpft, hat schon verloren.

Bertolt Brecht

Nehmen Sie die Menschen, wie sie sind, andere gibt's nicht.

Konrad Adenauer

Was wir brauchen, sind ein paar verrückte Leute; seht euch an, wohin uns die Normalen gebracht haben.

George Bernard Shaw

Kultur im Spiegel der Gesellschaft

Der Staat muss die Kultur auch in der Zukunft fördern, genauso wie er die Müllabfuhr finanziert, denn das Theater ist die Müllabfuhr für die Seele.

Hansgünther Heyme

Wenn die Sonne der Kultur tief steht, werfen selbst die Zwerge lange Schatten.

Karl Kraus

Kultur ist ein sehr dünner Firnis, der sich leicht in Alkohol auflöst.

Aldous Huxley

Muße und Wohlleben sind unerlässliche Voraussetzungen aller Kultur.

Max Frisch

Mit der Qualität des Unternehmers steht und fällt die besondere Kultur in großen Familien-Unternehmen.

Karl-August Hopmann

Die Gunst der Kunst

Ein Künstler, der viel Geld für seine Bilder bekommt, muss nicht unbedingt schlecht sein.

Markus Lüpertz

Wir alle, solange wir leben, sind Künstler.

Pierre Proudhon

Als Kind ist jeder ein Künstler. Die Schwierigkeit liegt darin, als Erwachsener einer zu bleiben.

Pablo Picasso

Bringt man die Künstler zum Verstummen, so hat man die artikulierteste Stimme des Volkes zum Schweigen gebracht.

Katharine Hepburn

Die Kunst ist eine Tochter der Freiheit.

Friedrich von Schiller

Der Endzweck der Wissenschaft ist Wahrheit. Der Endzweck der Künste hingegen ist Vergnügen.

Gotthold Ephraim Lessing

Das Leben ist eine einzige Challenge

Der Glaube versetzt Berge

Alles wanket, wo der Glaube fehlt.

Friedrich von Schiller

Der Glaube an Gott ist wie das Wagnis des Schwimmens: Man muss sich dem Element anvertrauen und sehen, ob es trägt.

Hans Küng

Der Glaube kommt aus dem Herzen. Die Vernunft muss ihn festigen. Glaube und Vernunft sind nicht Gegenkräfte, wie manche Leute meinen. Je tiefer der Glaube ist, umso mehr schärft er die Vernunft. Wenn der Glaube blind wird, stirbt er.

Mahatma Gandhi

Wenn wir unsere Feinde hassen, geben wir ihnen Gewalt über uns – Gewalt über unseren Schlaf, unseren Appetit und unsere Seelenruhe. Sie würden tanzen vor Freude, wenn sie wüssten, wieviel Kummer sie uns bereiten. Unser Hass schadet ihnen nicht im geringsten, aber er macht unsere Tage und Nächte zur Hölle.

Dale Carnegie

Die einen glauben, dass sie glauben, die anderen glauben, dass sie nicht glauben.

Stanislaw Jerzy Lec

Genieße das Leben!

Das Leben ist ein Bumerang: Man bekommt zurück, was man gibt.

Dale Carnegie

Das Leben Ist eine Bergwiese, voll von schönen Blumen und von Kuhfladen. Glück oder Unglück ist nur die Frage, was man mehr anschaut.

Philip Rosenthal

Alles zu beleben ist der Zweck des Lebens.

Novalis

Bei der ungeheuren Beschleunigung des Lebens werden Geist und Auge an ein halbes und falsches Sehen und Urteilen gewöhnt.

Friedrich Nietzsche

Das Beste im Leben ist, Verständnis für alles Schöne zu haben.

Menander

Das Leben besteht aus vielen kleinen Münzen, und wer sie aufzuheben versteht, hat ein Vermögen.

Jean Anouilh

Das Leben hat keinen Sinn außer dem, den wir ihm geben.

Thornton Wilder

Das Leben ist das größte Geschäft. Du bekommst es geschenkt.

Jüdisches Sprichwort

Das Leben ist viel zu kurz, um kleinmütig zu sein.

Helen Keller

Den meisten Leuten sollte man in ihr Wappen schreiben: Wann eigentlich, wenn nicht jetzt?

Kurt Tucholsky

Den Menschen ausgenommen, wundert sich kein Wesen über sein eigenes Dasein.

Arthur Schopenhauer

Den Wert eines Menschenlebens bestimmt nicht seine Länge, sondern seine Tiefe.

Gustav Frenssen

Der lebt nicht, dessen Haupt nicht im Himmel steht, auf dessen Brust nicht die Wolken ruhen, dem die Liebe nicht im Schoß wohnt und dessen Fuß nicht in der Erde wurzelt.

Clemens Brentano

Der Mensch wird geboren, um zu leben und nicht etwa, um sich auf das Leben vorzubereiten.

Boris Leonidowitsch Pasternak

Der Zweck des Lebens ist das Leben selbst.

Johann Wolfgang von Goethe

Diejenigen Berge, über die man im Leben am schwersten hinwegkommt, häufen sich immer aus Sandkörnchen auf.

Friedrich Hebbel

Die meisten Menschen wären glücklich, wenn sie sich das Leben leisten könnten, das sie sich leisten.

Danny Kaye

Es gibt Menschen, die nicht leben, sondern gelebt werden.

Karl May

Es ist besser, den Tod für das Leben zu halten, als das Leben für den Tod.

Wassily Kandinsky

Die Dinge im Leben entwickeln sich erstens ein wenig zufällig, zweitens ein wenig, weil man möchte, dass sie sich so entwickeln, und dann steckt da noch drittens ein bisschen Schicksal dahinter.

Carlo De Benedetti

Fang jetzt an zu leben und zähle jeden Tag als ein Leben für sich.

Lucius Annaeus Seneca

Heute ist der erste Tag vom Rest Ihres Lebens.

Graffito

Heutzutage hat man keine Chance mehr, sich das Leben zu leisten, das man führt.

Jerry Lewis

Leben heißt aussuchen.

Kurt Tucholsky

Leben ist das Einatmen der Zukunft.

Pierre Leroux

Man erlebt nicht, *was* man erlebt, sondern *wie* man es erlebt.

Wilhelm Raabe

Man muss sein Leben aus dem Holz schnitzen, das man zur Verfügung hat.

Theodor Storm

Morgen können wir's nicht mehr, darum lasst uns heute leben.

Friedrich von Schiller

So lang man lebt, sei man lebendig!

Johann Wolfgang von Goethe

Wie bei einem Theaterstück kommt es beim Leben nicht darauf an, wie lange es dauert, sondern wie gut es gespielt wird.

Lucius Annaeus Seneca

Wir sind alle Darsteller von Nebenrollen, ohne all zuviel vom Stück zu wissen.

Max Brod

Die wahren Lebenskünstler vergleichen sich grundsätzlich nur mit Menschen, denen es schlechter geht als ihnen.

André Maurois

Wenn auch Priester und Ärzte um dich stehen – die Lust am Leben soll dir nicht vergehen.

Jiddisches Sprichwort

Glück kommt selten allein

Glück ist ein Maßanzug. Unglücklich sind meist die, die den Maßanzug eines anderen tragen möchten.

Karl Böhm

Glück ist ein Wunderding. Je mehr man gibt, desto mehr hat man.

Germaine de Staël-Holstein

Glück ist Scharfsinn für Gelegenheiten und die Fähigkeit, sie zu nutzen.

Samuel Goldwyn

Auch in einem Rolls-Royce wird geweint, vielleicht sogar mehr als in einem Bus.

Françoise Sagan

Das Glück beruht oft nur auf dem Entschluss, glücklich zu sein.

Lawrence Durrell

Das Glück im Leben hängt von den guten Gedanken ab, die man hat.

Marc Aurel

Das Glück muss entlang der Straße gefunden werden, nicht am Ende des Weges.

David Dunn

Einen glücklichen Manager gibt es nicht. Glück findet woanders statt, in einer Welt, wo es nicht um Leistung, Erfolg und Gewinn geht.

Hans Eberspächer

Glück hängt nicht davon ab, wer du bist oder was du hast, es hängt nur davon ab, was du denkst.

Dale Carnegie

Wissen nennen wir den kleinen Teil der Unwissenheit, den wir geordnet haben.

Ambrose Bierce

Glücklicher als der Glücklichste ist, wer andere Menschen glücklich machen kann.

Alexandre Dumas, der Ältere

Ich glaube nicht an Zufall. Die Menschen, die in der Welt vorwärtskommen, sind die Menschen, die aufstehen und nach denen von ihnen benötigten Zufall Ausschau halten.

George Bernard Shaw

Die Zukunft im Blick

Das Merkwürdigste an der Zukunft ist wohl die Vorstellung, dass man unsere Zeit später die gute alte Zeit nennen wird.

John Steinbeck

Die Reiche der Zukunft sind Reiche des Geistes.

Winston Spencer Churchill

Das Beste an der Zukunft ist, dass niemals zwei Tage auf einmal kommen.

Dean Acheson

Der beste Weg, die Zukunft vorauszusagen, ist, sie zu gestalten.

Willy Brandt

Die eine Generation baut die Straße, auf der die nächste fährt.

Aus China

Die Lebenskraft eines Zeitalters liegt nicht in seiner Ernte, sondern in seiner Aussaat.

Ludwig Börne

Die Zukunft hat viele Namen. Für die Schwachen ist sie das Unerreichbare. Für die Furchtsamen ist sie das Unbekannte. Für die Mutigen ist sie die Chance.

Victor Hugo

Ein Wissen, das nicht in die Zukunft reicht, ist kein Wissen.

Hans-Peter Dürr

Es kommt selten so gut wie erhofft, aber auch selten so schlimm wie befürchtet.

Gerhard Cromme

Ich bin Pessimist für die Gegenwart, aber Optimist für die Zukunft.

Wilhelm Busch

Man muss immer etwas haben, worauf man sich freut.

Eduard Mörike

Oft ist die Zukunft schon da, ehe wir ihr gewachsen sind.

John Steinbeck

Wer heute den Kopf in den Sand steckt, knirscht morgen mit den Zähnen.

Graffito

Die Zukunft im Blick

Wer in der Zukunft lesen will, muss in der Vergangenheit buchstabieren.

André Malraux

Wer nicht an die Zukunft denkt, wird bald Sorgen haben.

Konfuzius

Wer sind wir? Wo kommen wir her? Wohin gehen wir? Was erwarten wir? Was erwartet uns?

Ernst Bloch

Am Ziel: der Erfolg eines Projektes

Motivation steht vor den Dingen

Als Pilot konnte ich dem Angebot, so eine Raumkapsel zu fliegen, einfach nicht widerstehen.

Sigmund Jähn

Besessenheit ist der Motor – Verbissenheit ist die Bremse.

Rudolf Gametowitsch Nurejew

Chef ist nicht der, der etwas tut, sondern der das Verlangen weckt, etwas zu tun.

Edgar Pisani

Der stärkste Trieb in der menschlichen Natur ist der Wunsch, bedeutend zu sein.

John Dewey

Die einzige Möglichkeit, Menschen zu motivieren, ist die Kommunikation.

Lee Iacocca

Eine mächtige Flamme entsteht aus einem winzigen Funken.

Dante Alighieri

Wir sind nicht nur für das verantwortlich, was wir tun, sondern auch für das, was wir nicht tun.

Molière

Eine Rede ist das beste Mittel, um eine große Gruppe zu motivieren.

Lee Iacocca

Der Sieg über die Angst, das ist auch ein Glücksgefühl, in dem ich mir nahe bin.

Reinhold Messner

Die Kraft, große Dinge zu entscheiden, kommt aus der ununterbrochenen Beobachtung der kleinen Dinge.

Gerd Bucerius

Gibt es etwa eine bessere Motivation als den Erfolg?

Ion Tiriac

Ein wahrhaft großer Mann wird weder einen Wurm zertreten, noch vor dem Kaiser kriechen.

Benjamin Franklin

Widerwärtigkeiten sind Pillen, die man schlucken muss, und nicht kauen.

Georg Christoph Lichtenberg

Jeder Vorgesetzte, der etwas taugt, hat es lieber mit Leuten zu tun, die sich zuviel zumuten, als mit solchen, die zuwenig in Angriff nehmen.

Lee Iacocca

Viele Menschen sehen die Dinge, wie sie sind und sagen – warum? Ich aber träume von Dingen, die nie gewesen sind und sage – warum nicht?

Robert F. Kennedy

Der Furchtsame erschrickt vor der Gefahr, der Feige in ihr, der Mutige nach ihr.

Jean Paul

==Wann immer du ein erfolgreiches Geschäft siehst, hat jemand einmal eine mutige Entscheidung getroffen.==

Peter F. Drucker

Man muss immer Partei ergreifen. Neutralität hilft dem Unterdrücker, niemals dem Opfer. Stillschweigen bestärkt den Peiniger, niemals den Gepeinigten.

Elie Wiesel

Mach nur einmal das, von dem andere sagen, dass du es nicht schaffst, und du wirst nie wieder auf deren Grenzen achten müssen.

James R. Cook

Wer Mut zeigt, macht Mut.

Adolph Kolping

Die drei grössten Tugenden: Neidlosigkeit, Furchtlosigkeit, Geduld. Wer sie besitzt, hat den ersten Schritt zur Weisheit getan.

Frank Thiess

Der Weg ist das Ziel, oder?

Der ans Ziel getragen wurde, darf nicht glauben, es erreicht zu haben.

Marie von Ebner-Eschenbach

Der Langsamste, der sein Ziel nicht aus den Augen verliert, geht immer noch geschwinder als der ohne Ziel umherirrt.

Gotthold Ephraim Lessing

Der Mensch ist ein zielstrebiges Wesen, aber meistens strebt es zu viel und zielt zu wenig.

Günter Radtke

Die Sandläufer haben mich schon immer fasziniert. Vielleicht weil die Bewegungsart dieser Käfer der meinen entspricht. Sie verhalten sich ruhig, fassen ein Ziel ins Auge, schießen darauf los – und verharren dann wieder in Ruhe.

Ernst Jünger

Der Weg ist immer mehr als das Ziel.

Heimito von Doderer

Ein Mensch, der sich ernsthaft ein Ziel gesetzt hat, wird es auch erreichen.

Benjamin Disraeli

Erfahrung lehrt, dass es beim Dichten wie beim Pistolenschießen immer ein wenig die Hand verreißt. Meist nach unten. Man muss höher zielen, als man treffen will.

Alfred Polgar

Man muss sich einfache Ziele setzen, dann kann man sich komplizierte Umwege erlauben.

Charles de Gaulle

Oft liegt das Ziel nicht am Ende des Weges, sondern irgendwo an seinem Rand.

Ludwig Strauss

Wenn ein Seemann nicht weiß, welches Ufer er ansteuern muss, dann ist kein Wind der richtige.

Lucius Annaeus Seneca

Wer seine Ziele nicht an den Sternen festmacht, kommt nicht mal auf den Kirchturm.

Patrick Swayze

Der Weg ist das Ziel, oder?

Wer das Ziel kennt, kann entscheiden; wer entscheidet, findet Ruhe; wer Ruhe findet, ist sicher; wer sicher ist, kann überlegen; wer überlegt, kann verbessern.

Konfuzius

Wenn wir die Ziele wollen, wollen wir auch die Mittel.

Immanuel Kant

Wer sich dem Notwendigsten widmet, geht überall am sichersten zum Ziel.

Johann Wolfgang von Goethe

==Das Ziel ist fiktiv, der Weg planbar.==

Julian Scharnau

Fleiß für die falschen Ziele ist noch schädlicher als Faulheit für die richtigen.

Peter Bamm

Man kann niemanden überholen, wenn man in seine Fußstapfen tritt.

Francois Truffaut

Strategie ist eine klare Erfolgslinie

Man muss immer Leute holen, die besser sind als man selbst.

Jürgen Todenhöfer

Eine strategische Vision ist ein klares Bild von dem, was man erreichen will.

John Naisbitt

Je mehr ich plane, desto härter trifft mich die Wirklichkeit.

Friedrich Dürrenmatt

Jede Strategie, die eher auf Sieg als auf Vermeiden der Niederlage setzt, endet mit der sicheren Niederlage.

John von Neumann

Ja, mach nur einen Plan und sei ein großes Licht, dann mach noch einen zweiten Plan, gehen tun sie beide nicht.

Berthold Brecht

Die Strategie ist eine Ökonomie der Kräfte.

Carl Philipp Gottfried von Clausewitz

Wir stehen am Vorabend großer Ereignisse.

Napoleon Bonaparte

Chancen nutzen und ausbauen

Chancen multiplizieren sich, wenn man sie ergreift.

Sunzi

Führungsstärke hat mit Veränderungen zu tun. Man muss Chancen ergreifen.

Carly Fiorina

Wenn man die Chance hat, die Welt zu erobern, dann muss man sie nutzen.

Jan Kulczyk

Für die, die sie suchen, werden sich immer neue Chancen ergeben.

Ben Bernanke

Die Zukunft hat viele Namen. Für die Schwachen ist sie die Unerreichbare, für die Furchtsamen ist sie die Unbekannte, für die Tapferen ist sie die Chance.

Victor Hugo

Chancengleichheit bedeutet Gelegenheit zum Nachweis ungleicher Talente.

Sir Herbert Samuel

Lache nicht über die Dummheit der anderen – sie ist Deine Chance!

Henry Ford

Man schiebt viel lieber auf als an.

Klaus Klages

Probleme sind Gelegenheiten zu zeigen, was man kann.

Duke Ellington

Echte Pessimisten sind nicht mal glücklich, wenn sie unglücklich sind.

Johnnie Ray

Mit etwas Geschick kann man aus den Steinen, die einem in den Weg gelegt werden, eine Treppe bauen.

Robert E. Lembke

Ich habe dreißig Jahre gebraucht, um über Nacht berühmt zu werden.

Harry Belafonte

Jeder Mensch bekommt seine Chance. Es kommt nur darauf an, sie zu verwerten.

Peter Weck

Was wir gestalten können, darf nicht als Problem gesehen werden, sondern vielmehr als Chance für ein Handeln in einer offenen Zukunft. Deren Qualität wird von dem abhängen, was wir heute tun.

Prof. Dr. Heinz Riesenhuber

Wir können den Wind nicht ändern, aber die Segel anders setzen.

Aristoteles

Beurteile den Tag nicht nach dem was du geerntet, sondern danach, was Du ausgesät hast.

Robert Louis Stevenson

Wer glaubt etwas zu sein, hat aufgehört etwas zu werden.

Sokrates

Die Grundlage alles Erreichten ist Verlangen. Sei dir dessen immer bewusst. Ein schwaches Verlangen bringt geringe Ergebnisse, so wie auch ein kleines Feuer nur wenig Wärme gibt.

Napoleon Hill

Ich wünsche mir Chancen, nicht Sicherheiten.

Albert Schweitzer

Wir alle haben Talent. Wie wir es nutzen, macht den Unterschied.

Stevie Wonder

Nichts ist so hoffnungslos, dass wir nicht Grund zu neuer Hoffnung fänden.

Niccoló Machiavelli

Das Schwerste an einer Idee ist nicht, sie zu haben, sondern zu erkennen, ob sie gut ist.

Chris Howland

Glaube nicht, es muss so sein, weil es so ist und immer so war. Unmöglichkeiten sind Ausflüchte steriler Gehirne. Schaffe Möglichkeiten.

Hedwig Dohm

Manchmal schweben Gelegenheiten direkt an deiner Nase vorbei. Arbeite hart, sei fleißig, halte dich bereit. Wenn du eine Chance bekommst, dann ergreife sie.

Julie Andrews

Wenn die Hoffnung uns verlässt, geht sie, unser Grab zu graben.

Carmen Sylva

Wer etwas will, sucht Wege. Wer etwas nicht will, sucht Gründe.

Harald Kostial

Das Positive am Skeptiker ist, dass er alles für möglich hält.

Thomas Mann

Der beste Ausweg ist meistens der Durchbruch.

Robert Lee Frost

Wege entstehen dadurch, dass man sie geht.

Franz Kafka

Leere Taschen haben noch nie jemanden aufgehalten. Nur leere Köpfe und leere Herzen können das.

Norman Vincent Peale

Es ist auf der Welt nichts unmöglich, man muss nur die Mittel entdecken, mit denen es sich durchführen lässt.

Hermann Oberth

Ich denke gern groß. Immer. Für mich ist das sehr einfach: Wenn Sie ohnehin denken, könnten Sie ebenso groß denken.

Donald Trump

Die meisten Menschen leben in den Ruinen ihrer Gewohnheiten.

Jean Cocteau

Wenn eine Tür des Glücks sich schließt, öffnet sich eine andere, aber oft starren wir solange auf die geschlossene Türe, dass wir die, die sich uns geöffnet hat, nicht sehen.

Helen Keller

Wer nicht manchmal das Unmögliche wagt, wird das Mögliche nie erreichen.

Max von Eyth

Wer zuversichtlich ist, dem wachsen Flügel.

James M. Barrie

Mit unermüdlicher Ausdauer zum Ziel

In Dir muss brennen, was Du entzünden willst!

Augustinus von Hippo

Ideale sind wie Sterne. Wir erreichen sie niemals, aber wie die Seefahrer auf dem Meer richten wir unseren Kurs nach ihnen.

Carl Schurz

Zu fünfzig Prozent haben wir es geschafft, aber die halbe Miete ist das noch nicht.

Rudi Völler

Wenn ich nicht verliere, kann der andere nicht gewinnen.

Boris Becker

Wer hohe Türme bauen will, muss lange beim Fundament verweilen.

Dr. h.c. Anton Bruckner

Was Talent genannt wird, ist nichts anderes als fortgesetzte harte Arbeit, die richtig gemacht wird.

Winslow Homer

Ich glaube nicht an Zufall. Die Menschen, die in der Welt vorwärtskommen, sind die Menschen, die aufstehen und nach denen von ihnen benötigten Zufall Ausschau halten.

George Bernard Shaw

Nicht das Beginnen wird belohnt, sondern einzig und allein das Durchhalten.

Katharina von Siena

Streng dich an. Versuche, soviel Ausbildung wie möglich zu bekommen, und dann, um Himmels willen, tu etwas!

Lee Iacocca

Es ist ganz leicht, sich das Rauchen abzugewöhnen; ich habe es schon hundert Mal geschafft.

Mark Twain

Schade, dass die meisten sofort aufhören zu rudern, wenn sie ans Ruder gekommen sind.

Alfred Polgar

Es ist erstaunlich, was man alles lernen kann, wenn man will. Jede Gewohnheit lässt sich ändern.

Salman Rushdie

Bei der Eroberung des Weltraums sind zwei Probleme zu lösen: die Schwerkraft und der Papierkrieg. Mit der Schwerkraft wären wir fertig geworden.

Wernher von Braun

Tränen und Schweiß sind beide nass und salzig, doch ihre Wirkung ist ganz unterschiedlich. Mit Tränen verschafft man sich Mitgefühl, der Schweiß bringt einen voran.

Jesse Jackson

Zu sein, was wir sind, und zu werden, wozu wir fähig sind, ist das einzige Ziel des Lebens.

Robert Louis Stevenson

Gras wächst nicht schneller, wenn man daran zieht.
Afrikanisches Sprichwort

Kleine Taten, die man ausführt, sind besser als große, die man plant.
George Catlett Marshall jun.

Was ökonomisch auf Dauer falsch ist, kann politisch auf Dauer nicht richtig sein.
Franz Vranitzky

Die Gewohnheit ist ein Seil. Wir weben jeden Tag einen Faden, und schließlich können wir es nicht mehr zerreißen.
Heinrich Mann

Wir brauchen mehr Querdenker, die lernen, Fehler machen und wieder aufstehen.
Robert Friedmann

Die Asiaten haben den Weltmarkt mit unlauteren Methoden erobert – sie arbeiten während der Arbeitszeit.
Ephraim Kishon

Über Geld, Steuern und Behörden

Sparen, sparen, sparen

Alle wollen den Gürtel enger schnallen, aber jeder fummelt am Gürtel des Nachbarn herum.

Norbert Blüm

Die Sparsamkeit ist die Tochter der Vorsicht, die Schwester der Mäßigung und die Mutter der Freiheit.

Samuel Smiles

Oh, ihr unsterblichen Götter! Sie sehen es nicht ein, die Menschen, welch große Einnahme die Sparsamkeit ist.

Marcus Tullius Cicero

Sparmaßnahmen muss man ergreifen, wenn man viel Geld verdient. Sobald man in den roten Zahlen ist, ist es zu spät.

Jean Paul Getty

Wenn sich Wohlstand einstellt, brauche ihn nicht vollständig auf.

Konfuzius

Der Pfennig ist die Seele der Milliarde.

Grete Schickedanz

Die öffentliche Hand in unseren Taschen

Am schwersten auf der Welt zu verstehen, ist die Einkommensteuer.

Albert Einstein

Beim Steuereintreiben wie beim Schafscheren soll man aufhören, wenn die Haut kommt.

Austin O'malley

Der Bürger liebt sein Finanzamt mit der gleichen Leidenschaft wie der Metzger den Vegetarier.

Peter Gillies

Die Kunst der Besteuerung besteht ganz einfach darin, die Gans so zu rupfen, dass man möglichst viel Federn bei möglichst wenig Geschrei erhält.

Jean Baptiste Colbert

Die Steuerschätzungen des Bundesfinanzministers zeigen, dass er die Abgaben der Bürger nicht zu schätzen weiß.

Wolfram Weidner

Ein König richtet das Land auf durch Recht; wer aber viele Steuern erhebt, richtet es zugrunde.

Salomo

Ende der 40er Jahre hatte Japan eine hohe Inflation und eine negative Sparquote. Ein Berater der US-Militärregierung erfand die steuerfreien Postsparkonten. Nach sechs Monaten gab es in Japan keine Inflation mehr und die Sparquote stieg auf 20 Prozent. Nichts motiviert den modernen Menschen mehr als eine Chance, Steuern zu sparen.

Peter F. Drucker

Erst beim Abfassen der Steuererklärung kommt man dahinter, wie viel Geld man sparen würde, wenn man gar keines hätte.

Fernandel

Man soll seine Steuern dem Staat zahlen, wie man seiner Geliebten einen Blumenstrauß schenkt.

Novalis

Selbst im Falle einer Revolution würden die Deutschen sich zur Steuerfreiheit nie Gedankenfreiheit zu erkämpfen suchen.

Friedrich Hebbel

Steuerreformen sind gleich Kunstwerke: vor der Wahl Kolossalgemälde, danach Miniaturen.

Wolfram Weidner

Wer mehr als die Hälfte seines Einkommens an das Finanzamt abführen muss, ist mehr darauf bedacht, Steuern zu sparen als darauf, Geld zu verdienen.

Hans-Karl Schneider

Für die Menschen ist nicht die Oase das Problem, sondern die Wüste drum herum.

Guido Westerwelle

Das Steuern ist wichtiger als die Steuern.

Markus Miller

Die hohen Steuern und Abgaben machen die Lohnerhöhungen zu einem hohlen Osterei.

Otto Kentzler

Der Wohlstand beginnt genau dort, wo der Mensch anfängt, mit dem Bauch zu denken.

Norman Mailer

Je größer der Wohlstand, je dicker der Dreck. Dies beschreibt zweifelsfrei eine Tendenz unserer Zeit.

John Kenneth Galbraith

Kaum hat mal einer ein bissel was, gleich gibt es welche, die ärgert das.

Wilhelm Busch

Wohlstand ist nur ein Werkzeug, das man benutzen, und kein Götze, den man anbeten sollte.

Calvin Coolidge

Die öffentliche Hand befindet sich meistens in unseren Taschen.

Ilona Bodden

Oh, sage mir, wie heißt das Tier, das vieles kann vertragen, das wohl den größten Rachen hat und auch den größten Magen? Es heißet Haifisch auf dem Meer und Fiskus auf dem Lande.

Hoffmann von Fallersleben

Stichwort Bürokratie

Bekämpft die Bürokratie im Unternehmen! Hasst sie! Tretet sie in den Hintern! Brecht sie!

Jack Welch

Das Tempo der Bundesregierung beim Bürokratieabbau ist so langsam, dass man ihr beim Gehen die Schuhe besohlen könnte.

Birgit Homburger

Bürokraten bekämpft man am besten, indem man ihre Vorschriften genau befolgt.

Cyril Northcote Parkinson

Stichwort Bürokratie

Das Vaterunser hat 56 Wörter, die zehn Gebote haben 297. Aber eine Verordnung der EG-Kommission über den Import von Karamellen und Karamellprodukten zieht sich über 26.911 Wörtern hin.

Alwin Münchmeyer

Organisationen ab 1000 Leuten können sich sehr gut mit sich selbst beschäftigen. Da stört der Kunde nur.

Klaus Höfner

Bürokratie ist ein gigantischer Mechanismus, der von Zwergen bedient wird.

Honoré de Balzac

Als ich im Weißen Haus mit der Arbeit begann, überraschte mich am allermeisten, dass die Dinge tatsächlich so im Argen lagen, wie ich immer behauptet hatte.

John F. Kennedy

Leute dürfen nicht Bäume ausreißen, nur um zu sehen, ob die Wurzeln noch dran sind.

Henry Kissinger

Machen Sie sich erst einmal unbeliebt, dann werden Sie auch ernst genommen.

Konrad Adenauer

Zum Schluss etwas Humor

Manche Politiker muss man behandeln wie rohe Eier. Und wie behandelt man rohe Eier? Man haut sie in die Pfanne.

Dieter Hallervorden

Holzhacken ist deshalb so beliebt, weil man bei dieser Tätigkeit den Erfolg sofort sieht.

Albert Einstein

Nicht alle Männer, die Konferenzen abhalten, haben eine Geliebte. Manche haben zwei.

Zsa Zsa Gabor

Der sicherste Weg, in die Zeitung zu kommen, besteht darin, eine zu lesen, während man die Straße überquert.

Alberto Sordi

Kein Geist ist in Ordnung, dem der Sinn für Humor fehlt.

Samuel Coleridge

Wenn man in die falsche Richtung läuft, hat es keinen Zweck, das Tempo zu erhöhen.

Birgit Breul

An dem Punkt, wo der Spaß aufhört, beginnt der Humor.

Werner Finck

Zum Schluss etwas Humor

Der Vorteil der Klugheit besteht darin, dass man sich dumm stellen kann. Das Gegenteil ist schon schwieriger.

Kurt Tucholsky

Schlagfertig ist jede Antwort, die so klug ist, dass der Zuhörer wünscht, er hätte sie gegeben.

Elbert Hubbard

Gott gab uns nur einen Mund, aber zwei Ohren, damit wir doppelt soviel zuhören können, als wir reden sollten.

Johann Wolfgang von Goethe

Mobiltelefone: Das einzige Mal, wo es darauf ankommt, den Kleinsten zu haben.

Neil Kinnock

Ob sich die Redner darüber klar sind, dass 90 Prozent des Beifalls, den sie beim Zusammenfalten des Manuskriptes entgegennehmen, ein Ausdruck der Erleichterung ist?

Robert Lembke

Die Gescheiten leben von den Dummen und die Dummen von der Arbeit.

Bertolt Brecht

Die Frauen geben mehr Geld aus, als der Mann verdient, damit die Leute glauben, dass er mehr verdient, als die Frau ausgibt.

Danny Kaye

Die Wissenschaftler bemühen sich, das Unmögliche möglich zu machen. Die Politiker bemühen sich oft, das Mögliche unmöglich zu machen.

Bertrand Arthur William Russell

Wir müssen gewinnen, alles andere ist primär.

Hans Krankl

Was wir brauchen, sind ein paar verrückte Leute; seht euch an, wohin uns die normalen gebracht haben.

George Bernard Shaw

Die Amerikaner lassen die brutalsten Gewaltszenen im Kino passieren, aber sobald Nacktheit gezeigt wird, fangen sie an zu spinnen.

Louis Malle

Niemand auf der Welt bekommt so viel dummes Zeug zu hören wie die Bilder in einem Museum.

Edmond de Goncourt

Zum Schluss etwas Humor

Wer als Werkzeug nur einen Hammer hat, sieht in jedem Problem einen Nagel.

Paul Watzlawick

Es ist unglaublich, wie viel Geist in der Welt aufgeboten wird, um Dummheiten zu beweisen.

Friedrich Hebbel

Wenn ich über`s Wasser laufe, dann sagen meine Kritiker, nicht mal schwimmen kann er.

Berti Vogts

Das erste, was man bei einer Abmagerungskur verliert, ist die gute Laune.

Gert Fröbe

Ich wünsche, dass sich alle Frauen meines Reiches hübsch machen, damit es ihre Männer leichter haben, treu zu bleiben.

Ludwig IX.

Leisten wir uns den Luxus, eine eigene Meinung zu haben.

Otto von Bismarck

Fahre wie der Teufel und du wirst ihn bald treffen.

Robert E. Lembke

Nichts tun macht nur dann Spaß, wenn man eigentlich viel zu tun hätte.

Noël Coward

Wie könnte ich je heiraten, sagte ich mir. Ich muss Vertrauen zu einer Frau haben. Und eine Frau, die mich nimmt, zu der kann ich kein Vertrauen haben.

Curt Goetz

Die Liebe ist eine raffinierte Mischung von Brandstifter und Feuerwehr.

Marcel Aymé

Die Liebe ist das einzige Mittel, die Gunst der Frauen zu ertragen, die für Geld nicht zu haben sind.

François de La Rochefoucauld

Das größte Verbrechen eines Musikers ist es, Noten zu spielen, statt Musik zu machen.

Isaac Stern

Ich verstehe nichts von Musik. In meinem Fach ist das nicht nötig.

Elvis Presley

Zum Schluss etwas Humor

Eine Mutter braucht zwanzig Jahre, um aus ihrem Jungen einen Mann zu machen, und eine andere Frau braucht zwanzig Minuten, um aus ihm einen Narren zu machen

Robert Lee Frost

Mein Haus ist gemietet, mein Auto ist geleast und meine Frau ist geheiratet.

Stephan Schambach

Eine glückliche Ehe ist eine, in der sie ein bisschen blind und er ein bisschen taub ist.

Loriot

Wenn ein Mann zurückweicht, weicht er zurück. Eine Frau weicht nur zurück, um besser Anlauf nehmen zu können.

Zsa Zsa Gabor

Man soll nur schöne Frauen heiraten. Sonst hat man keine Aussicht, sie wieder loszuwerden.

Danny Kaye

Verzeichnis der Zitategeber

A

Abs, Hermann Josef (* 15.10.1901; † 5.2.1994), deutscher Bankier, von 1957 bis 1967 Vorstandssprecher der Deutschen Bank AG

Acheson, Dean Gooderham (* 11.4.1893; † 12.10.1971), US-Außenminister von 1949 bis 1953

Ackermann, Josef Meinrad (* 7.2.1948), schweizerischer Manager

Adenauer, Konrad Hermann Joseph (* 5.1.1876; † 19.4.1967), erster deutscher Bundeskanzler

Akio, Morita (* 26.1.1921; † 3.11.1999), japanischer Unternehmer

Alighieri, Dante (* 1265; † 1321), italienischer Dichter

Allen, Woody (* 1.12.1935), Komiker, Filmregisseur, Autor, Schauspieler und Musiker

Andrews, Julie Elizabeth (* 1.10.1935), britische Schauspielerin

Anouilh, Jean (* 23.6.1910; † 3.10.1987), französischer Dramatiker

Aquin, Thomas von (* um 1225; † 7.3.1274), Philosoph und Theologe

Asmussen, Jörg (*1966 in Flensburg), deutscher Ökonom, Mitglied der SPD

Auber, Daniel-François-Esprit (* 29.1.1782; † 12.5.1871), französischer Komponist

B

Bacon, Francis (* 22.1.1561; † 9.4.1626), Philosoph

Balzac, Honoré de (* 20.5.1799; † 18.8.1850), französischer Schriftsteller

Barrie, James M. (* 9.5.1860; † 19.6.1937), schottischer Schriftsteller

Baruch, Bernard M. (* 19.8.1870; † 20.6.1965), US-amerikanischer Börsenspekulant

Bamm, Peter (* 20.10.1897; † 30.3.1975), deutscher Schriftsteller

Baumann, Ernst (* 14.5. 1906; † 12.1.1985), deutscher Fotograf

Becker, Boris (* 22.11.1967), ehemaliger deutscher Profi-Tennisspieler

Becker, Wilhelm (12.1.1835; † 11.1.1924), deutscher Politiker

Belafonte, Harry (* 1.3.1927), US-amerikanischer Sänger, Schauspieler

Bernanke, Ben (* 13.12.1953), US-amerikanischer Ökonom

Biedenkopf, Kurt H. (* 28. 1. 1930), deutscher Politiker CDU

Birkenbihl, Vera Felicitas (* 26.4.1946), Managementtrainerin und Sachbuchautorin

Bismarck-Schönhausen, Otto Eduard Leopold von, (*1.4.1815; † 30.7.1898) langjähriger Ministerpräsident von Preußen und erster Reichskanzler des Deutschen Kaiserreichs

Bierce, Ambrose Gwinnett (* 24.6.1842; † 1914), US-amerikanischer Schriftsteller, Journalist und Lebenskünstler

Bloch, Ernst (*1885 - † 1977), deutscher Philosoph

Börne, Carl Ludwig (* 6.5.1786; † 12.2.1837), deutscher Journalist, Literatur- und Theaterkritiker

Braun, Wernher von (* 23.3.1912; † 16.6.1977), Raketentechniker

Bruni, Bruni (* 23.11. 935), Grafiker und Bildhauer

Bubis, Ignatz (*1927 - †1999), deutscher Politiker (FDP)

Busch, Heinrich Christian Wilhelm (* 15.4.1832; † 9.1.1908, deutscher, humoristischer Dichter

Burke, Billie (* 7.8.1884; † 14.5.1970), Schauspielerin

Brandt, Willy (* 18.12.1913; † 8.12.1992), deutscher sozialdemokratischer Politiker

Brestel, Heinz (* 12.6.1922; † 14.4.2009), deutscher Journalist und Publizist

Brecht, Bertolt (* 10.2.1898; † 14.8.1956), einflussreicher deutscher Dramatiker und Lyriker

C

Caldwell, Erskine Preston (* 17.12.1903; † 11.4.1987), amerikanischer Schriftsteller

Camus, Albert (*7.11.1913; † 4.1.1960) ,französischer Philosoph und Schriftsteller

Carnegie, Dale (24.11.1888; † 1.12.1955), Schriftsteller und Motivationstrainer

Carpendale, Howard Victor (* 14.1.1946), Schlagersänger und Komponist südafrikanischer Herkunft

Verzeichnis der Zitategeber

Charles, Bertie (* 30.6.1926), Entertainer

Churchill, Winston Leonard Spencer (* 30.11.1874); † 24. 1.1965), britischer Staatsmann des 20. Jahrhunderts

Clausewitz, Carl Philipp Gottlieb von (* 1.7.1780; † 16.11.1831), preußischer General

Cicero, Marcus Tullius (* 3.1.106 v. Chr. ; † 7.12. 43 v. Chr.), römischer Politiker, Anwalt und Philosoph

Cocteau, Jean (* 5.7.1889; † 11.10.1963), Schriftsteller, Regisseur

Colbert, Jean-Baptiste (* 29.8.1619; † 6.9.1683), Begründer des Merkantilismus

Coleridge, Samuel Taylor (* 21.10.1772; † 25.7.1834), englischer Dichter

Cook, James (* 27.10.1728; † 14.2.1779), britischer Seefahrer

Coolidge jr, John Calvin (* 4.6.1872; † 5.1.1933), US-amerikanischer Politiker

Cromme, Gerhard (* 25.2.1943), deutscher Manager

D

Danella, Utta (* 18.6.1924; eigentlich *Utta Denneler*), deutsche Schriftstellerin

Derek, Bo (* 20.11.1956), US-amerikanische Schauspielerin

Dewey, John (* 20.10.1859; † 1.6.1952), US-amerikanischer Philosoph

Dichter, Ernest (* 14.8.1907; † 22.11.1991), österreichisch-amerikanischer Psychologe

Disraeli, Benjamin (* 21.12.1804; † 19.4.1881), britischer Premierminister

Doderer, Ritter von (* 5.9.1896; † 23.12.1966), Schriftsteller

Dohm, Hedwig (* 20.9.1831; † 1.6.1919), deutsche Schriftstellerin

Drucker, Peter Ferdinand (* 19.11.1909; † 11.11.2005), US-amerikanischer Ökonom

Durante, James Francis (* 10.2.1893; † 29.1.1980), populärer US-amerikanischer Komiker

Dürr, Hans-Peter Emil (* 7.10.1929), deutscher Physiker

Dürrenmatt, Friedrich Josef (* 5.1.1921; † 14.12. 1990), schweizerischer Schriftsteller

Dussmann, Peter (* 5.10.1938), Vorstandsvorsitzender

Duttweiler, Gottlieb (* 15.8.1888; † 8.6.1962), schweizerischer Unternehmer und Politiker (LdU)

Dylan, Bob (* 24.5.1941), US-amerikanischer Folk- und Rockmusiker, Maler und Dichter

E

Ebeling, Johann (* 8.7.1637; † 4.12.1676), deutscher Komponist

Edison, Thomas Alva (* 11.02.1847, † 18.10.1931), US-amerikanischer Erfinder

Einstein Albert (* 14.3.1879; † 18.4.1955), Physiker jüdischer Abstammung

Ellington, Edward Kennedy „Duke" (* 29.4.1899; † 24.4.1974), US-amerikanischer Jazz-Komponist

Erhard, Ludwig Wilhelm (* 4.2.1897; † 5.5.1977), deutscher Politiker (CDU)

Eschenbach, Marie von Ebner (* 13.9.1830; † 12.3.1916), österreichische Schriftstellerin

Eyth, Max (* 6.5.1836; † 25.8.1906), deutscher Ingenieur

F

Farkas, Karl (* 28.10.1893; † 16.05.1971), Schauspieler

Ferguson, Niall (* 18.4.1964), britischer Historiker

Fernand, Joseph Désiré Contandin (* 8.5.1903; † 26.2.1971), französischer Schauspieler

Finck, Werner Paul Walther (* 2.5.1902; † 31.7.1978), deutscher Kabarettist

Fiorina, Cara Carleton Sneed „Carly" (* 6.9.1954), bekannte Managerpersönlichkeit

Ford, Henry (* 30.7.1863; † 7.4.1947) Gründer des Automobilhersteller Ford Motor Company

Francis, John „Jack" Welch Jr. (* 19.11.1935), CEO von General Electric

Franke, Heinrich (*1928 – † 2004), deutscher Politiker (CDU), ehemaliger Präsident der BfA

Franklin, Benjamin (* 17.1.1706; 17.4.1790), Gründervater der Vereinigten Staaten

Freud, Sigmund (* 6.5.1856; † 23.9.1939), österreichischer Tiefenpsychologe

Fröbe, Gert (* 25.2.1913; † 5.9.1988), deutscher Schauspieler

Frost, Robert Lee (* 26.3.1874; † 29.1.1963), US-amerikanischer Dichter und Pulitzer-Preisträger

Fürstenberg, Carl (* 28.8.1850; † 9.2.1933), deutschjüdischer Bankier

G

Gabor, Zsa Zsa (*6.2.1917), Schauspielerin

Galbraith, John Kenneth (* 15.10.1908; † 29.4.2006), US-amerikanischer Ökonom

Gaulle, Charles de (* 22.11.1890; † 9.11.1970), französischer General

Gauselmann, Paul (* 26.8.1934), deutscher Unternehmer

Genscher, Hans-Dietrich (* 21.3.1927), deutscher Politiker (FDP)

George, David Lloyd (* 17.1.1863; † 26.3.1945), britischer Politiker

Getty, Jean Paul (* 15.12.1892; † 6.6.1976), Öl-Tycoon

Giersch, Herbert (* 11.5.1921), deutscher Ökonom

Gmeiner, Hermann (* 23.6.1919; † 26.4.1986), Österrreicher, Gründer der SOS-Kinderdörfer nach dem Zweiten Weltkrieg

Goethe, Johann Wolfgang von (* 28.8.1749; † 22.3 1832), Dichter, Dramatiker, Theaterleiter, Naturwissenschaftler, Kunsttheoretiker und Staatsmann, einer der bekanntesten Vertreter der Weimarer Klassik

Goetz, Curt (* 17.11.1888; † 12.9.1960), deutschschweizerischer Schriftsteller

Gracián y Morales S. J., Baltasar (* 8.1.1601; † 6.12.1658), spanischer Schriftsteller, Hochschullehrer und Jesuit

Graff, Sigmund (* 7.1.1898; † 18.6.1979), deutscher Schriftsteller und Dramatiker

Graham, Billy eigentlich *William Franklin Graham*, (* 7.11.1918), amerikanischer Baptistenpastor

Greene, Graham (* 1904 – † 1991), britischer Schriftsteller

Goeudevert, Daniel (* 31.1.1942), französischer Literat

Goncourt, Edmond de (* 26.5.1822; † 16.7.1896), französischer Schriftsteller

H

Hallervorden, Dieter (* 5.9.1935), deutscher Komiker

Harry, Marlies Blohm (*1934), Unternehmerin des Jahres 1986

Hebbel, Christian Friedrich (* 18.3.1813; † 13.12.1863), deutscher Dramatiker

Hemingway, Ernest Miller (* 21.7.1899; † 2.7.1961), einer der erfolgreichsten und bekanntesten US-amerikanischen Schriftsteller des 20. Jahrhunderts. Literaturnobelpreisträger (1954)

Herder, ‚Johann Gottfried von (* 25.8.1744; † 18.12.1803), deutscher Dichter

Herrhausen, Alfred (* 30.1.1930; † 30.11.1989), deutscher Bankmanager

Hesse, Hermann (2.7.1877; † 9.8 1962), deutschschweizerischer Dichter und Schriftsteller

Heuss, Theodor (* 31.1.1884; † 12.12.1963), deutscher Politiker

Heussen, Eduard (*27.03.1949), Politiker

Hill, Napoleon (* 26.10.1883; † 8.11.1970), US-amerikanischer Schriftsteller

Hippo, Augustinus von (* 13.11.354; † 28.8.430), Philosoph

Hoffmann, August Heinrich (* 2.4.1798; † 19.1.1874), Dichter

Homburger, Birgit (* 11.4. 1965), deutsche Politikerin

Homer, Winslow (* 24.2.1836; † 29.9.1910) US-amerikanischer Maler

Howland, John Christopher (* 30.7.1928), englischer Schlagersänger

Hubbard, Elbert Green (* 19.6.1856; † 7.5.1915), US-amerikanischer Schriftsteller

Hugo, Victor-Marie (* 26.2.1802; † 22.5.1885), französischer Schriftsteller

I

Ionesco, Eugène (* 26.11.1909; † 28.3.1994), französisch rumänischer Autor

J

Jackson Sr., Jesse Louis (* 8.10.1941), US-amerikanischer Politiker

Jähn, Sigmund Werner Paul (* 13.2.1937), deutscher Kosmonaut, erster Deutscher im Weltraum

K

Kaiser, Joachim (* 18.12.1928), Redakteur bei der Süddeutschen Zeitung und Professor für Musikgeschichte

Kannegiesser, Martin (* 1941), deutscher Unternehmer

Kant, Immanuel (* 22.4.1724; † 12.2.1804), deutscher Philosoph

Kafka, Franz (* 3.7.1883; † 3.6.1924), deutschsprachiger Schriftsteller

Kästner, Erich (* 23.2.1899 ; † 29.7.1974), deutscher Schriftsteller

Kaye, Danny (* 18.1.1913 ; † 3.3.1987), US-amerikanischer Schauspieler, Friedensnobelpreisträger (1965)

Kennedy, John Fitzgerald (* 29.5.1917; † 22.11.1963), 35. Präsident der Vereinigten Staaten

Kennedy, Robert Francis (* 20.11.1925; † 6.6.1968), Politiker

Keller, Helen Adams (* 27.6.1880; † 1.6.1968), US-amerikanische Schriftstellerin

Kentzler, Otto (* 30.10.1941), deutscher Unternehmer

Keynes, John Maynard Baron Keynes (* 5.6.1883; † 21.4.1946), britischer Ökonom, Politiker und Mathematiker

Kinnock, Neil (* 28.3.1942), Vizepräsident der EU-Kommission

Kishon, Ephraim (* 23.8.1924; † 29.1.2005), Satiriker

Kissinger, Henry Alfred (* 27.5.1923), Historiker

Knight, Philip Hampson (* 24.2.1938), US-amerikanischer Unternehmer

Kocsis, Andrea (* 16.11.1965), deutsche Gewerkschafterin

Kolping, Adolph (* 8.12.1813; † 4.12.1865), katholischer Priester

Konfuzius, (um 551 – 479 v. Chr.), chinesischer Philosoph

Köhler, Horst (* 1943), seit 2004 deutscher Bundespräsident

Kostial, Harald (* 1959) deutscher Unternehmer

Kostolany, André, (1906 – 1999), Finanzexperte, Journalist, Schriftsteller und Spekulant ungarischer Herkunft

Krankl, Hans (* 14.2.1953), österreichischer Fußballspieler

Kulczyk, Jan (* 24.6.1950), polnischer Unternehmer

L

Lagerfeld, Karl Otto (* 10.11.1933), Modeschöpfer

Iacocca, Lee (Lido Iacocca) (* 15.10.1924), Manager

Leipziger, Jürg W. (* 4.7.1943), Unternehmer

Lembke, Robert Emil (* 17.9.1913; † 14.1.1989), Journalist und Fernsehmoderator

Lessing, Gotthold Ephraim (* 22.1.1729; † 15.2.1781), deutscher Dichter

Lichtenberg, Georg Christoph (* 1.7.1742; † 24.2.1799), deutscher Schriftsteller

Lind, Jenny (* 6.10.1820 ; † 2.11.1887), schwedische Opernsängerin

Loriot, eigentlich Vicco von Bülow, (*12.11.1923), deutscher Humorist

Luther, Martin (* 10.11.1483; † 18.2.1546), theologischer Urheber und Lehrer der Reformation

Luwein, Franz (* 1927), deutscher Redakteur

M

Mann, Klaus Heinrich Thomas (* 18.11.1906; † 21.5.1949), deutschsprachiger Schriftsteller

Marais, Jean (* 11.12.1913; † 8.11.1998), französischer Schauspieler und Bildhauer

Meir, Golda (* 3.5.1898; † 8.11.1978), israelische Politikerin

Mitsch, Werner (* 23.2.1936), deutscher Aphoristiker

Münchmeyer, Heinrich Alwin (* 19.3.1908; † 24.9.1990), deutscher Unternehmer

Mörike, Eduard Friedrich (* 8.11.1804; † 4.6.1875), Lyriker, Erzähler, Übersetzer und evangelischer Pfarrer

N

Navrátilová, Martina (* 18.10.1956), Tennisspielerin

Naisbitt, John (* 15.1.1929), US-amerikanischer Autor

Nestroy, Johann Nepomuk (* 7.12.1801; † 25.5.1862), österreichischer Schauspieler

Novalis (* 2.5.1772; † 25.3.1801), deutscher Schriftsteller der Frühromantik

Nurejew, Rudolf Gametowitsch (* 17.3.1938; † 6.1.1993), russisch-österreichischer Tänzer

O

Oberth, Hermann Julius (* 25.6.1894; † 28.12.1989), Physiker

Oesch, Emil (*1894 - 1974), Schriftsteller und Verleger

O'malley, Austin (*30.06.1926), Entertainer

Onassis, Aristoteles (*15.1.1906; 15.3.1975), griechischer Reeder

P

Packard, Vance (* 22.5.1914; † 12.12.1996), US-amerikanischer Publizist

Parkinson, Cyril Northcote (* 30.7.1909; † 9.3.1993), britischer Historiker und Publizist

Picasso, Paloma (* 19.4.1949), spanisch-französische Designerin, Tochter von Pablo Picasso

R

Rothschild, Carl Mayer von (* 1788 - † 1855), Bankier, Begründer des neapolitanischen Zweigs

S

Schambach, Stephan (*1.8.1970), deutscher Unternehmer (Intershop-Gründer)

Schmidt, Helmut (*1918), deutscher Politiker (SPD), von 1974 bis 1982 Bundeskanzler

Schneider, Carsten (*1976), deutscher Politiker (SPD)

Schneyder, Werner (* 25.1.1937), österreichischer Kabarettist und Sportkommentator

Schweiger, Tilman Valentin „Til" (* 19.12.1963), deutscher Schauspieler, Regisseur, Drehbuchautor und Produzent

Schweitzer, Albert (* 14.1.1875; † 4.11.1965), evangelischer Theologe, Orgelkünstler, Musikforscher, Philosoph und Arzt

Schopenhauer, Arthur (* 22.2.1788; † 21.11.1860), deutscher Philosoph, Autor und Hochschullehrer

Shakespeare, William (*23.4.1564; † 3.5.1616), bedeutender englischer Dichter und Dramatiker

Shaw, George Bernard (* 26.7.1856; † 2.11.1950) irischer Dramatiker, Satiriker und Musikkritiker

Spengler, Oswald Arnold Gottfried (* 29.5.1880; † 8.5.1936), deutscher Geschichtsphilosoph, Kulturhistoriker und politischer Schriftsteller

Steinbrück, Peer (* 1947), deutscher Politiker

Strack, Günter (* 1929 - † 1999), deutscher Film-, Theater- und Fernsehschauspieler

Strauß, Franz Josef (* 6.9.1915; † 3.10.1988), deutscher Politiker (CSU)

Steinbeck, John Ernst (* 27.2.1902; † 20.12.1968), US-amerikanischer Autor

T

Thaddäus Troll, eigentlich Hans Bayer (* 18.3.1914; † 5.7.1980), deutscher Schriftsteller

Truffaut, François (* 6.2.1932; † 21.10.1984), französischer Regisseur

Trump, Donald (* 14.7.1946), US-amerikanischer Unternehmer

Tucholsky, Kurt (* 9.1.1890; † 21.12.1935) Schriftsteller

Twain, Mark Samuel Langhorne Clemens (* 30.11.1835; † 21. April 1910), US-amerikanischer Schriftsteller

U

Updike, John Hoyer (* 18.3.1932), US-amerikanischer Schriftsteller

V

Valéry, Paul Ambroise (* 30.10.1871; † 20.7.1945), französischer Lyriker, Philosoph und Essayist

Venske, Henning (* 3.4.1939), deutscher Schauspieler, Kabarettist, Moderator und Schriftsteller

Verdi, Giuseppe (* 10.10.1813; † 27.1.1901), italienischer Komponist

Vinci, Leonardo da, eigentlich Leonardo di ser Piero, (* 15.4.1452; † 2.4.1519), Maler und Ingenieur

Vinet, Alexandre Rodolphe (* 1797 - † 1847), schweizerischer Theologe und Literaturhistoriker

Völler, Rudi (* 13.4.1960), deutscher Fußballer

Voltaire, eigentlich François Marie Arouet (* 21.11.1694, † 30.5.1778), Autor der französischen und europäischen Aufklärung

Vranitzky, Franz (* 4.10.1937), österreichischer Bundeskanzler

W

Waalkes, Otto (* 22.7.1948), deutscher Komiker

Walters, Hellmut (* 9.1.1930; † 8.6.1985), deutscher Schriftsteller

Weber, Friedrich Wilhelm (* 25.12.1813; † 5.4.1894), deutscher Arzt, Politiker und Dichter

Westerwelle, Guido (* 27.12.1961), deutscher Politiker (FDP)

Weizsäcker, Richard Karl Freiherr von (* 15.4.1920), deutscher Politiker (CDU)

Welch, John Francis (* 19.11.1935), von 1981 bis 2001 CEO von General Electric

Wilde, Oscar (* 16.10.1854; † 30.11.1900), irischer Schriftsteller

Williams, Tennessee (* 26.3.1911; † 25.2.1983), US-amerikanischer Schriftsteller

Wilp, Charles Paul (* 15.11.1932; † 2.1.2005), deutscher Werbefachmann und Künstler

Der Autor

Steve Walpuski, der in Leipzig studierte Polygraph, arbeitet als Fachtrainer im Sektor Printmedien. In den vergangenen Jahren hat er zahlreiche Projekte und Trainings in den USA, England und Frankreich geleitet. Heute führt er Weiterbildungsseminare im Bereich der Standardisierung und Zertifizierung im Print Process Management durch.

Impressum:

Verlag C. H. Beck im Internet: www.beck.de
ISBN: 978-3-406-59354-3
© 2009 Verlag C. H. Beck oHG
Wilhelmstraße 9, 80801 München

Umschlaggestaltung: Bureau Parapluie, 85253 Großberghofen

Umschlagbild:

Druck und Bindung: Druckerei C. H. Beck, Nördlingen
(Adresse wie Verlag)

Gedruckt auf säurefreiem, alterungsbeständigem Papier
(hergestellt aus chlorfrei gebleichtem Zellstoff)